中国林业优秀学术报告

2017—2018

中国林学会　编

中国林業出版社

·北 京·

图书在版编目(CIP)数据

中国林业优秀学术报告. 2017—2018 / 中国林学会编. —北京：中国林业出版社，2019. 12
ISBN 978-7-5219-0466-6

Ⅰ. ①中… Ⅱ. ①中… Ⅲ. ①林业 - 研究报告 - 中国 - 2017 - 2018
Ⅳ. ①F326. 2

中国版本图书馆 CIP 数据核字(2020)第 021624 号

中国林业出版社 · 建筑分社
责任编辑：李　顺　樊　菲

出版发行　中国林业出版社(100009　北京市西城区德内大街刘海胡同 7 号)
电话：(010)83143610　http：//www. forestry. gov. cn/lycb. html
印　　刷　北京中科印刷有限公司
版　　次　2019 年 12 月第 1 版
印　　次　2019 年 12 月第 1 次印刷
开　　本　889mm × 1194mm　1/16
印　　张　16
字　　数　200 千字
定　　价　98. 00 元

未经许可，不得以任何方式复制或抄袭本书之部分或全部内容。
版权所有　侵权必究

学术顾问：李文华　唐守正　马建章

本书编委会

主　任：赵树丛

副主任：彭有冬

主　编：陈幸良

副主编：刘合胜　沈瑾兰　曾祥谓

编委会成员（按姓氏笔画排序）：

王　妍　王军辉　卢孟柱　田呈明　刘合胜

李　彦　李　莉　李新岗　何　英　沈瑾兰

张会儒　陈少雄　陈幸良　段爱国　姜必祥

黄立新　焦如珍　曾祥谓　雷相东

前 言

党的十八大以来，习近平总书记针对科技创新提出了一系列新思想、新论断、新要求，立意高远，内涵深刻，形成了习近平关于新时代科技创新的重要论述。2017 年 5 月，习近平总书记在“科技三会”上强调，要在我国发展新的历史起点上，把科技创新摆在更加重要位置，吹响建设世界科技强国的号角。中国科协各级组织要坚持为科技工作者服务、为创新驱动发展服务、为提高全民科学素质服务、为党和政府科学决策服务的职责定位，团结引领广大科技工作者积极进军科技创新主战场，组织开展创新争先行动，促进科技繁荣发展，促进科学普及和推广。

开展学术交流是推动科技创新的重要途径，是发现和培养人才的重要手段，也是传播最新科技成果的重要形式，是科技工作者将个人或团队科技成果与经验集中展示和传播的重要载体。优秀的学术报告是科技人员创新思想和智慧的结晶，它能启迪科学思想，促进学术繁荣，加快成果传播，引导和推动科技事业的发展。

中国林学会一直致力于搭建高质量、高水平的学术交流平台，创办了中国林业学术大会、中国林业青年学术年会等系列品牌学术会议，也积极支持和鼓励各分会、省级林学会组织形式多样的学术交流活动，为推动科技创新、发现和培养人才、传播最新科技成果作出了重要贡献。

为展示林业科技最新成果，交流前沿观点，提升林业科技水平，进一步推动林业科学知识的普及，促进林业和草原事业更好更快发展，中国林学会在全国范围内征集年度优秀学术报告，已成功出版了《中国林业优秀学术报告 2015》《中国林业优秀学术报告 2016》，得到了林业界的高度关注和认可。2019 年，学会组织了《中国林业优秀学术报告 2017—2018》的报告征集工作，共收到（含约稿）42 篇报告。考虑到研究领域、行业发展动态等因素，通过编委评定筛选，甄选出 22 篇报告编印此书。其中，院士报告 3 篇，专家报告 16 篇，调研报告 2 篇，决策建议 1 篇。在此，特别感谢沈国舫院士、李文华院士、马建章院士、唐守正院士和其他作者为编辑本报告集撰写、整理文章。由于文章是在报告的基础上形成的，统一略去了参考文献，一些引用的文字、数据或者图表也未标明引用出处，在此作特别说明，也对原作者一并表示感谢！

报告征集及甄选难免存在不足之处，望广大读者批评指正。同时，希望广大林业科技人员积极建言献策，推荐优秀报告，共同做好年度优秀学术报告集的编辑出版工作，为林业和草原科技创新驱动发展作出新的更大的贡献。

编　者

2019 年 11 月

目　录

第一篇

院士报告

中国生态文明建设主题下的生态保护、修复和建设[*]

（为纪念中国林学会一百周年而作）

沈国舫

引　言

中国的林业是中国生态文明建设主题之下的全国生态保护和建设事业的主力，同时也是一个包括木材产业、非木材利用产业（俗称林下经济）和森林旅游、休闲文化、康养产业在内的巨大基础产业。从另一个角度看，林业是全面协调发挥森林生态系统服务功能（供给、调节、文化和支持功能）的事业，而在中国现有的部门分工中，林业部门除了管理森林以外，还要兼顾湿地保护、荒漠化防治（涉及草原和荒原生态系统）、野生动植物保护、城镇绿化等事务，因此中国的林业也就成为了名副其实的全国陆地生态保护和建设事业的主体。

从 2013 年《中共中央 国务院关于加快林业发展的决定》发布以来，中国的林业出现了一个明显的转折点，即大大压缩了木材产业（包括采伐运输和加工利用）的比重，而把生态保护和建设作为主要任务。在党的十八大把生态文明建设提到"五位一体"的全国建设布局的高度后，林业部门更是在生态文明建设的大格局下努力推

---

* 2017 年 5 月第五届中国林业学术大会上的主旨报告。

进生态保护、修复和建设工作。本文就是在这样的背景下试图阐述中国的生态保护和建设事业的特点、内涵和结构，并提出今后发展的若干准则。

一、简单的历史回顾和中国的特色

中国幅员辽阔，自然条件非常多样。中国同时也是一个历史悠久的文明古国，土地开发历史很长，各种自然资源扰动剧烈。规模巨大且过度利用已经大大改变了中国陆地和水域的原始景观面貌，只有小部分(近10%)地处边远地区的自然生态系统还未经人类扰动而仍处于原始状态。中国的森林覆盖率从农业史前原始状态的约60%下降到1949年的约12%(另一说为8.6%，但这个估算并不完整)。

1949年，中华人民共和国成立以后不久就开始了生态恢复方面的工作，许多地方的封山育林从那个时候就开始了，“绿化祖国，实现大地园林化”的号召也曾鼓舞全国人民积极开展这方面的活动。但限于国力及几次政策失误(如1958—1960年的“大跃进”运动及1966年开始的“文化大革命”)，生态修复的努力受到了遏制，有些地方还造成了许多新的生态破坏。

从1978年开始的改革开放大大地促进了生态保护和建设事业的发展，第一件具有标志性意义的事件就是长远且规模宏大的“三北防护林体系建设”。此项目从1978年开始实施，也被称为“绿色长城”项目，以其巨大的规模、长久的周期和显著的成效而誉满全球。紧接着，多项区域性防护林建设项目相继实施，包括长江中上游防护林建设项目、珠江上游防护林建设项目、黄河中游黄土高原治理项目、太行山绿化项目等。这方面的工作在20世纪末实现了巨大的突破，两个规模宏大且力度强大的项目——“天然林保护工程”和“退耕还林(草)工程”相继出台并建设运行，对全国范围内的生态保护、修复和建设产生了巨大的推动作用。

进入 21 世纪以后，除了上述几个大项目继续实施以外，我国又启动了“环京津防沙治沙工程”，推进了湿地保护行动，在建设“生态城市”“森林城市”的要求下大力推进城市园林绿化工作，并且这些工作都取得了明显的效果。所有这些项目行动累积起来，大大地改善了中国的陆地生态状况，从以下几个大的统计数据就可以清楚看出：中国从 1956 年起已经在全国建立了 456 个国家级自然保护区，而各类自然保护地的面积总和已达国土面积的 15% 左右；中国的森林覆盖率已经从 20 世纪 70 年代的 12% 左右上升到 21. 63%（2013 年清查数据）；水土流失面积已经在 15 年内减少了 61 000 km^2，而且在流失强度上也大大减轻；荒漠化土地面积已经从 20 世纪末的逐年扩增转变为现在的每年减少 2 491 km^2（2016—2011 年）；占全国湿地总面积 43. 51% 的湿地（23. 24 万 km^2）已经被纳入各类保护地（湿地保护区或湿地公园）保护起来。所有这些数据都是根据科学的清查结果统计而来的，并已公开向公众报告并得到国内外的充分认可。对于中国在生态保护和建设方面取得的成绩，许多国际机构，包括联合国粮食及农业组织（FAO）、联合国环境规划署（UNEP）、一些非政府组织[如世界自然基金会（WWF）、世界自然保护联盟（IUCN）等]及专家都给予了正面评价，并认为对于一个发展中国家，特别是像中国这样一个幅员辽阔、历史悠久、自然条件复杂的发展中大国，这样的成绩是前所未有的。

2012 年是中国的生态治理活动进入一个新阶段的标志年。这一年，中共中央把生态文明建设的理念提到了一个新高度，把它和国家的经济建设、社会建设、政治建设和文化建设并列，形成“五位一体”的总体布局，并且把它作为国家建设长期目标融入到其他各项建设的各方面和全过程。这样，生态文明建设就不仅是少数几个相关部委的任务，而且也是全国全社会的共同任务。生态保护、修复和建设，环境保护，自然资源合理利用一起成为了建设中国生态文明的三大支柱。各项生态保护、修复和建设活动都进入了一个蓬勃发展的新阶段。

二、中国生态治理行动的范畴和类型

中国的自然生态系统的极大多样性，以及开发自然引起其退化的长久复杂历史，导致了十分复杂的自然现状，因此，为了治理恢复就必须采用多样化的措施。从学术角度看，这都属于恢复生态学(Restoration Ecology)的主题范畴，但是由于种种原因，中国的生态治理措施远远超出了恢复生态学的范畴。考虑到自然生态系统中的水文、土壤等多个因子已经有了实质性的变化，生态治理活动的目标不能只局限于恢复到原有的状态，还要新建一些与治理目的和退化后条件相适应的生态系统。

此外，中国的生态治理活动不仅要保护、修复和重建自然的生态系统，还要改善一些人工生态系统(如农耕地、城镇和工矿建设用地)的生态状况。再进一步，中国的生态治理活动还要在生态景观和区域(流域)层次上开展，这就要求从业者们采用更具有战略性和综合性的措施。因此，我们可以把中国的生态治理活动根据治理目的和对象特点而分为若干大类(categories)和类型(types)。

第一大类生态治理活动以现有的自然生态系统作为生态治理对象，可以进而按生态治理对象的不同退化程度而划分为若干类型，具体内容见表 1。

表 1　自然生态系统的生态治理活动类型

退化程度	自然生态系统(森林、草原、荒漠、湿地、河湖水域、海洋)的生态治理活动类型
原始的或近于原始的自然生态系统	在自然保护区和各类保护地的生物多样性保护和自然生态系统保护
轻微退化的自然生态系统	生态保育； 在生态保育同时采取抚育和促进更新等培育措施
严重退化的自然生态系统	生态修复； 在生态保育同时采取强度较大的改造措施以改变植被的优势种组成和群落结构，并改善生态系统的水文、土壤条件
完全被破坏和消失的自然生态系统	重建以模仿原有的生态系统或新建一个既能适应改变了的生态条件又能满足人类需求目标的生态系统

第二大类生态治理活动是为了改善人工生态系统的生态治理措施，又可根据不同对象而分为若干类型，具体内容见表 2。

表 2　人工生态系统的生态治理活动类型

人工生态系统类型	人工生态系统的生态治理活动类型
农耕地及人工牧场	土壤修复； 防护林体系建设； 退耕还林、还草、还湿； 农林复合经营； 生态循环农业
城镇地区	城镇植树造林及城市林业； 风景园林建设，包括庭院绿化及垂直绿化； 人工垦复的海岸滩地的生态建设
不同类型的基础设施建设区域	废弃或坍塌矿区的修复； 厂矿污染用地的修复； 厂区绿化； 道路、管道、高压线路建设损伤地区的修复； 水库岸的修复

从上述两个表中可见，在中国当前的生态治理实践中，“修复”一词比“恢复重建”更为常用。因为在中国的生态治理对象中，能恢复重建到原有生态系统状态的是很少的，在多数情况下，它们将被修复、改造或新建为一种新的生态系统。当然，一些过于人工化的生态系统的价值是有缺陷的，这一点也值得从业者们注意。

第三大类生态治理活动在生态系统的高层次，即景观、区域、流域甚至地球生物圈层次。在这些层次上，生态治理活动应该更具战略性和综合性。可以根据生态治理的层次特性而将其分为若干类型，详见表 3。

表 3　高层次生态系统的生态治理活动类型

生态系统的层次和规模	高层次生态系统的生态治理活动类型
生态景观	土地利用规划，调整景观内各生态系统的大小和类型，使之更为和谐健康
中小流域治理	在土地合理利用的基础上对各类生态系统进行保育、修复乃至新建林草植被

续表

生态系统的层次和规模	高层次生态系统的生态治理活动类型
区域（江河流域或山系）治理	宏观的土地利用调控； 各生态系统的保育、修复或新建； 机构设置、政策调控及经费安排
地球生物圈	以上各项措施的总和加上更加强调生物多样性保护和碳汇扩增

许多中国的生态工程项目都是按区域或流域的层次设置的。例如中国的水土保持、荒漠化防治、退耕还林还草工程都是按区域进行设置的，或是在全国进行统一规划，随后分区域去实施的。所有这些生态建设工程的实施都在目标、区域需求、可行性和生态效益评估等方面进行了战略性的考虑，并且采取了综合性措施，包括农业、林业、牧业、水利工程措施，以及一些社会经济方面的措施。

从上述 3 个表格中提出的对中国生态治理活动的分析可见，这些活动都具有规模巨大、内容丰富且需把各类活动结合起来运作的特点。单独用“生态保护”或“生态修复”已不能反映这些活动的多样性。所以，在中国的语境中采用了“生态建设”一词，试图把所有各类生态治理活动都包括进来。在中国，“建设”两字用得很宽泛。作为“破坏”一词的对立词，“建设”一词不但应用于物质方面的各领域，像“房屋建设”或“道路建设”等；也可用于非物质领域，像“思想建设”或“人才队伍建设”等。但有些人认为“建设”具有从“无”到“有”的人为活动含义，有太多人工干扰的侧重，而过去有一些生态治理活动，由于认识自然、依靠自然不够而出现过一些失败，这就是近来一些政府文件已较少应用“生态建设”这个词的原因。但是单独进行“生态保护”也不能解决中国复杂多样的生态问题。所以，如果让“生态保护”和“生态建设”既可分别应用于不同场合，又可结合起来应用以反映全局，称作“生态保护和建设”，可能更为全面和灵活。而“生态修复”则是当前生态保护和建设中的重点活动。这种说法已经得到学者们的广泛理解和认同。

三、生态保护和建设的未来指导方针

以习近平同志为核心的党中央十分关注中国的生态环境问题，十分重视中国的生态文明建设。在他们的领导下，中国长期以来坚持的生态保护和建设事业在未来几十年内可以充分持续开展，规模还会继续扩大。这将是中国对世界的又一大贡献，因为这样一个地域辽阔、人口众多且开发历史悠久的发展中大国采取了如此大规模的生态保护和建设活动，这在人类历史上是空前的。

关于建设生态文明的指导思想和方针在两个政府文件中有完整的阐述，分别为《中共中央 国务院关于加快推进生态文明建设的意见》和中共中央、国务院印发的《生态文明体制改革总体方案》(分别发表于 2015 年 5 月和 9 月)。依据这两个文件的主要精神，结合当前生态保护和建设工作中存在的一些问题，笔者提出以下几条指导今后生态治理活动的方针：

(1)中国的生态保护和建设应该是问题导向的，先要认清问题，然后解决问题，以保障区域和国家的生态安全，并提供人和自然和谐的基础。

(2)生态治理活动应以保护(保育)优先，以自然恢复为主，并与相应的人工措施相配合，以达到最佳的综合效益。

(3)生态保护和建设活动要能显著提升自然资本，并促进各类生态系统全面的生态服务功能(供给、调节、支持、文化)的充分发挥。

(4)对过去进行过的生态保护和建设活动所积累的经验和教训需作审慎的分析和总结，为改进今后的活动效果提供办法。

(5)考虑到大自然是一个多种生态系统组合的复杂的综合体，包括天和地、山和水、林和田、草原和荒漠、河湖和海洋，生态保护和建设必须要有一个系统性和综合性的顶层设计，因地制宜地安排并处理好区域内各中小流域间、景观间、生态系统间与生态系统内各群落、层次和种群之间的相互关系，以保证各生态系统的物质循环和能量运动的可持续运行，形成持续稳定的良好区域生态环境，为人民的安康福祉提供良好的生态保障。

作者简介

沈国舫，男，1933 年 11 月出生，中国工程院院士，著名林学家，著名林业教育家，著名森林培育学家。曾任中国工程院副院长，中国林学会第八届理事会理事长，北京林业大学校长，第八、九、十届全国政协委员。在立地分类和评价、适地适树、混交林营造、速生丰产林培育、干旱半干旱地区造林技术和城市林业等方面进行了大量探索和研究，填补了许多空白。致力于中国森林可持续发展及中国林业发展战略等方面的宏观研究，对我国林业重大决策发挥了重要作用，取得了显著成绩。

中国大型猫科动物的保护与研究进展*

马建章

中国是猫科动物分布的大国，拥有全世界现存 37 种猫科动物中的 13 种，是世界猫科动物保护的重要阵地。体型较大的猫科动物——虎(*Panthera tigris*)、豹(*Panthera pardus*)、雪豹(*Panthera uncia*)、云豹(*Neofelis nebulosa*)、猞猁(*Lynx lynx*)等物种是生态系统中的顶级捕食者，维系着生态系统的稳定性和完整性，是全球生物多样性保护的旗舰物种和保护伞物种。它们的栖息地覆盖了我国重要的水源地和各关键生态功能区，是社会和经济发展的重要生态屏障。近年来，中国对于现存的猫科动物的保护，给予了越来越多的关注和投入。本文将介绍中国现存猫科动物种群的现状，并展示国内保护管理及科研机构在大型猫科动物方面的研究成果与进展。

一、中国猫科动物种群现状

虎是猫科动物中体型最大的物种，全球虎的数量由一个世纪前超过 10 万只锐减到目前的 3 000 ~ 5 000 只，分布区面积仅剩历史分布区的 7% 。虎在全球现存 5 个亚

---

* 2017 年 5 月第五届中国林业学术大会上的主旨报告。

种，我国境内分布有4个。我国是世界虎亚种分布最多的国家，也是世界虎种的发源地。目前我国拥有的4个虎亚种分布情况十分堪忧：华南虎（*Panthera tigris amoyensis*）已30多年无野外生存证据，印度支那虎（*Panthera tigris* ssp. *corbetti*）种群数量不超过10只，孟加拉虎（*Panthera tigris tigris*）估计为20只左右，东北虎（*Panthera tigris altaica*）已由20世纪50年代的150只下降到不足40只。我国虎的野生种群总数量仅为约60~70只。

全球有9个豹亚种，中国分布有3个，为东北豹（*Panthera pardus orientalis*）、华北豹（*Panthera pardus japonensis*）和华南豹（*Panthera pardus delacouri*）。华北豹是我国特有的亚种，其栖息地分布在人口稠密的华北地区，现今种群数量不详；东北豹仅分布于俄罗斯和中国，全球种群统计记录仅100只左右，极度濒危，但我国潜在分布着200只左右东北豹的适宜栖息地，对东北豹种群的持续生存意义重大；华南豹现今的分布和数量数据更是缺乏。

中国拥有野生雪豹2 000~2 500只，占世界野生雪豹数量的1/3~1/2；我国拥有210万km^2的雪豹适宜栖息地，占有全球雪豹潜在栖息地的60%，对全球雪豹保护至关重要。中国的猞猁种群数量约为27 000只，占世界种群数量的50%以上。云豹是常绿森林生态系统中的顶级物种，但目前种群数量不详。大型猫科动物的分布几乎覆盖了中国陆地生态系统的各种类型，发挥着重要的生态功能。

二、中国大型猫科动物保护成就

虎、豹、雪豹等大型猫科动物的保护和管理一直是国际关注的焦点，也是我国科学家和政府一直关注的生态问题，对其的有效保护也彰显着我国负责任大国的形象。2010年，时任国务院总理温家宝参加了在俄罗斯圣彼得堡召开的“保护老虎国际论坛”政府首脑会议，并与 13 个虎分布国首脑通过了《全球野生虎分布国政府首脑宣言》，签署了“保护老虎和恢复老虎数量全球战略”，并承诺努力实现到下一个虎年老虎数量加倍的目标，将保护虎的重要性和紧迫性提升到前所未有的高度，为世界所瞩目。2018 年 9 月，在中国深圳召开了“国际雪豹保护大会”，不丹、中国、印度、吉尔吉斯斯坦、蒙古、尼泊尔、俄罗斯、乌兹别克斯坦等国家代表参加，并在会上发布了《全球雪豹保护深圳共识》，倡导充分研发和应用无人机、人工智能、遥感和遗传学方法等高新技术，提升信息质量和知识水平，有效促进雪豹保护的政策制定。

2010 年，中国工程院多名院士联名向国务院递交了《关于将东北虎保护纳入国家可持续发展战略优先领域的建议》；2011 年，国家林业局发布了《中国野生虎恢复计划》；2013 年，国家林业局启动了《中国大型猫科动物保护行动计划》的编制工作；2015 年，中国工程院多名院士又联名向国务院递交了《关于推进我国老虎及其栖息地保护的建议》；2016 年 12 月，《东北虎豹国家公园体制试点方案》获中央深化改革领导小组审议通过，覆盖面积达 1.46 万 km^2，并指出要应用研发天地空一体化的现代高新技术对东北虎、东北豹进行保护管理。目前，中国已建立以虎为保护对象的自然保护区 39 个，有雪豹分布的自然保护区 8 个，以豹为保护对象的自然保护区不少于 20 个，而且目前国家试点的三江源国家公园、祁连山国家公园和大熊猫国家公园中也均分布着丰富的大型猫科动物种群资源，这是生态建设成果的重要标志。

为更好地保护国内现存的大型猫科动物，我国成立了多所保护管理及科研机构。国家林业局建立了“老虎管理办公室”，在东北林业大学批建了“国家林业局猫科动物研究中心”（简称猫科中心），在北京师范大学批建了“国家林业局东北虎豹监测与研究中心”；“国家林业局虎保护研究中心”挂靠在中国林业科学研究院森林生态环境与保护研究所。

对于圈养种群，1986 年我国建立了“中国横道河子猫科动物饲养繁育中心”，积极开展虎繁殖生物学、人工繁育和遗传谱系等技术研究。中国目前已成功饲养繁殖圈养虎种群约 4 000 ~ 5 000 只。

同时，在法制教育和管理上，各地方林业主管部门实行长期的禁猎政策，严格执行野生动物保护相关法律、法规，并在关键虎栖息地与世界自然基金会(WWF)、国际野生生物保护学会(WCS)、全球环境基金(GEF)等国际组织、机构联合启动反盗猎工作；已开展东北虎、东北豹的猎物种群补充、冬季猎物补饲、栖息地恢复等项目，并建立了虎、豹及其猎物种群的实时监测标准和体系。

三、中国大型猫科动物保护与研究的新进展

我国各教学、科研单位对大型猫科动物的保护研究十分重视。2010 年，张明海、马建章发表《中国野生东北虎现状及其保护愿景展望》；北京林业大学时坤教授的“中国猫科动物保护能力建设项目”获得英国政府助研基金达尔文创新基金支持；WWF 组织专家完成《中国长白山区东北虎潜在栖息地研究》；马建章作为主席的 WWF 中国—东北虎专家委员会成立。2011 年，孙海义编著了《东北虎》丛书，详细论述了我国东北虎保护与研究的进展。2012 年，WWF、WCS 和中国专家开展了吉林珲春汪清地区的东北豹调查；中国动物学会兽类学分会成立了以马建章院士为主任的猫科动物专家组。尤其是近几年，由于各种先进技术被运用到科研中，中国大型猫科动物的保护与研究取得了很多新进展。

（一）主要保护技术研究的突破

猫科动物保护与研究的技术突破主要表现在虎豹监测平台的建设、监测技术研

究的突破、监测技术标准的制定、猎物恢复工作的开展、栖息地的评估等方面。

1. 东北虎、东北豹监测平台的建设

对虎、豹等数量稀少、活动隐蔽的大型猫科动物，长期进行物种丰富度监测并建立数据库是十分重要的工作。经过长期的监测积累，国家林业局猫科动物研究中心共建设了 5 个数据库：①通过自动相机调查建设了虎、豹体侧花纹影像信息库；②通过信息网络监测建设了虎、豹分布动态信息库；③利用数码足迹识别技术建设了东北虎的足迹影像信息库；④利用分子粪便学分析技术建设了虎、豹遗传信息数据库；⑤通过样方和样线的调查建立了虎、豹主要的猎物密度信息库。

同时，国家林业局建设开通了信息共享平台——虎豹网，主要目的在于分享监测数据、管理数据、科研数据，以便顺利开展野生动物保护宣传工作。

2. 监测技术研究的突破

(1)足迹影像识别分析技术

较准确的个体识别是开展野生东北虎种群有效监测的前提，也是对其采取有效保护、管理措施的重要基础。通过圈养东北虎的雪地足迹的采集，提取数据，建立判别个体数量和性别的模型方法，性别鉴定判别的准确率为 97.5%，个体识别判别的准确率达到了 87%。根据此次研究的结果，通过雪地足迹可以较好地对东北虎进行个体和性别的识别，足迹影像识别分析技术将来可能成为大区域尺度野生东北虎种群监测的有效工具。

(2)毛发采集装置专利

结合自动相机监测，科学家们发明了自动采集野生动物毛发的装置(专利号：201620946337.6，ZL 201620946336.1)，与红外相机一同架设使用，可在监测的同时获取被监测动物的毛发。这样既有助于更加便捷地采集到野生动物的遗传样本，又解决了遗传样本所属者个体识别的问题，将宏微观数据更好地结合到一起。

3. 监测技术标准的制定

科学统一的监测数据是科学研究的基石，有了科学的监测技术标准，东北虎、东北豹及其猎物的种群密度与空间分布等的调查研究才会更可靠。近几年，科研工作者们也积极与俄罗斯专家合作，联合制定了多项监测技术标准，如《GEF“中国东北野生动物保护景观方法”监测技术标准》，其中包括《东北虎雪地样线调查技术标准》《东北虎自动相机监测技术标准》；编制了包含监测规程的《中国东北虎和东北豹保护行动计划(2016—2025)(草案)》；研发了标准管理自动相机监测数据的野外监测图像数据管理系统 V 1.0(计算机软件著作权登记号：2016SR320134)；草拟完成的《中国雪豹保护行动计划(草案)》，也已提交国家林业局进入审批程序。

4. 东北虎猎物恢复工作的开展

猎物不足是威胁中国野生东北虎生存和种群恢复的主要限制因素之一。鉴于在中国东北的野生东北虎分布区内，其主要猎物密度极低，我国与 WWF 合作开展了猎物种群的补充项目的技术支持，包括 GPS 项圈监测、猎物补饲、虎友好型森林经营等工作，并对引入猎物的适应性进行了研究。

（二）主要研究和标志性成果

1. 东北虎、东北豹栖息地的评估

利用 2000 年至 2012 年间收集到的东北虎出现数据信息，以及人为干扰和环境变量来模拟中国东北地区东北虎的分布，见图 1。研究结果表明，不同亚区决定了东北虎种群分布格局的生境因素不同。在每单元(196 km^2)农田覆盖面积超过 50 km^2 的情况下，距离长白山铁路 15 km 以内，完达山的道路密度(每单元长度)增加，东北虎出现的相对概率呈现单调回避反应；然而，距离中俄边境 150 km 范围内，东北虎的出现概率相对较高。通过此研究，发现空间模型(spatial model)显著改善了非空

间模型的模型拟合，并且比非空间模型具有更强大的栖息地适宜性预测能力。这次研究首次定量评估了人为干扰等栖息地因子对中国野生东北虎种群空间分布的定量化影响，为东北虎的栖息地保护和恢复提供了重要的技术参考。

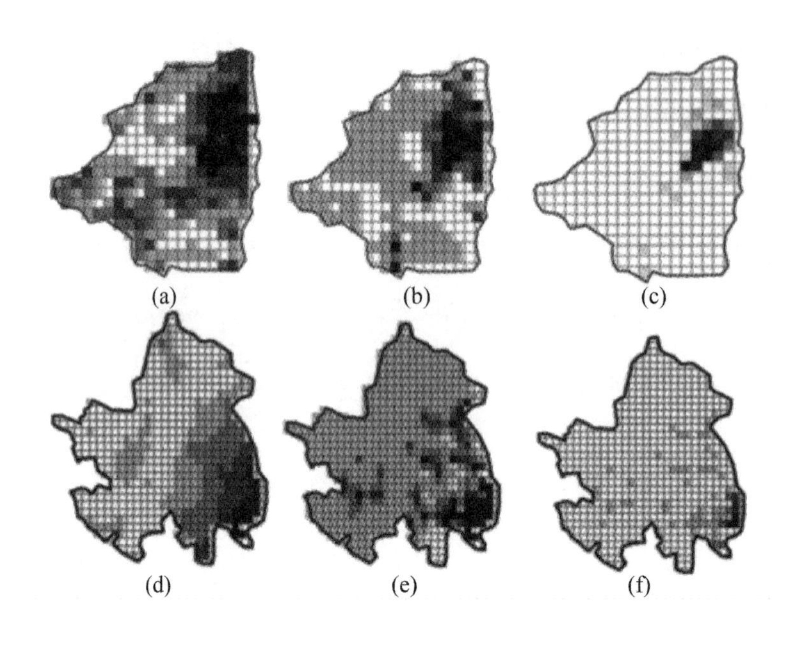

图 1　东北虎栖息地的评估：用广义加性模型预测东北虎的出现概率

为了解人类干扰对东北虎、猎物和植被的影响和相对贡献，我们在 2013 年 8 月至 10 月期间对珲春自然保护区内的人为干扰进行了样线调查。我们使用广义加性模型（GAM）、广义线性模型（GLM）和结构方程模型（SEM）探讨人为干扰对植被、猎物和东北虎的影响，见图 2。然后，我们使用分层划分模型来量化 4 种主要的人类干扰的贡献。研究结果显示，3 种模型都表明人为干扰可以通过自下而上的方式直接或间接地影响东北虎和猎物。在人为干扰中，放牧活动和人参土地侵占对植被的影响大于道路。对于猎物来说，二级公路对它们的影响最大。放牧活动、二级公路和主要道路是扰乱东北虎的主要因素。广义加性模型比广义线性和结构方程模型具有更强的干扰预测检测能力。广义加性模型检测到捕食者和猎物或捕食者、猎物和栖息地因子之间更复杂的非线性相互作用关系。减少或消除特定类型的干扰对于恢复东北虎种群及其栖息地至关重要。

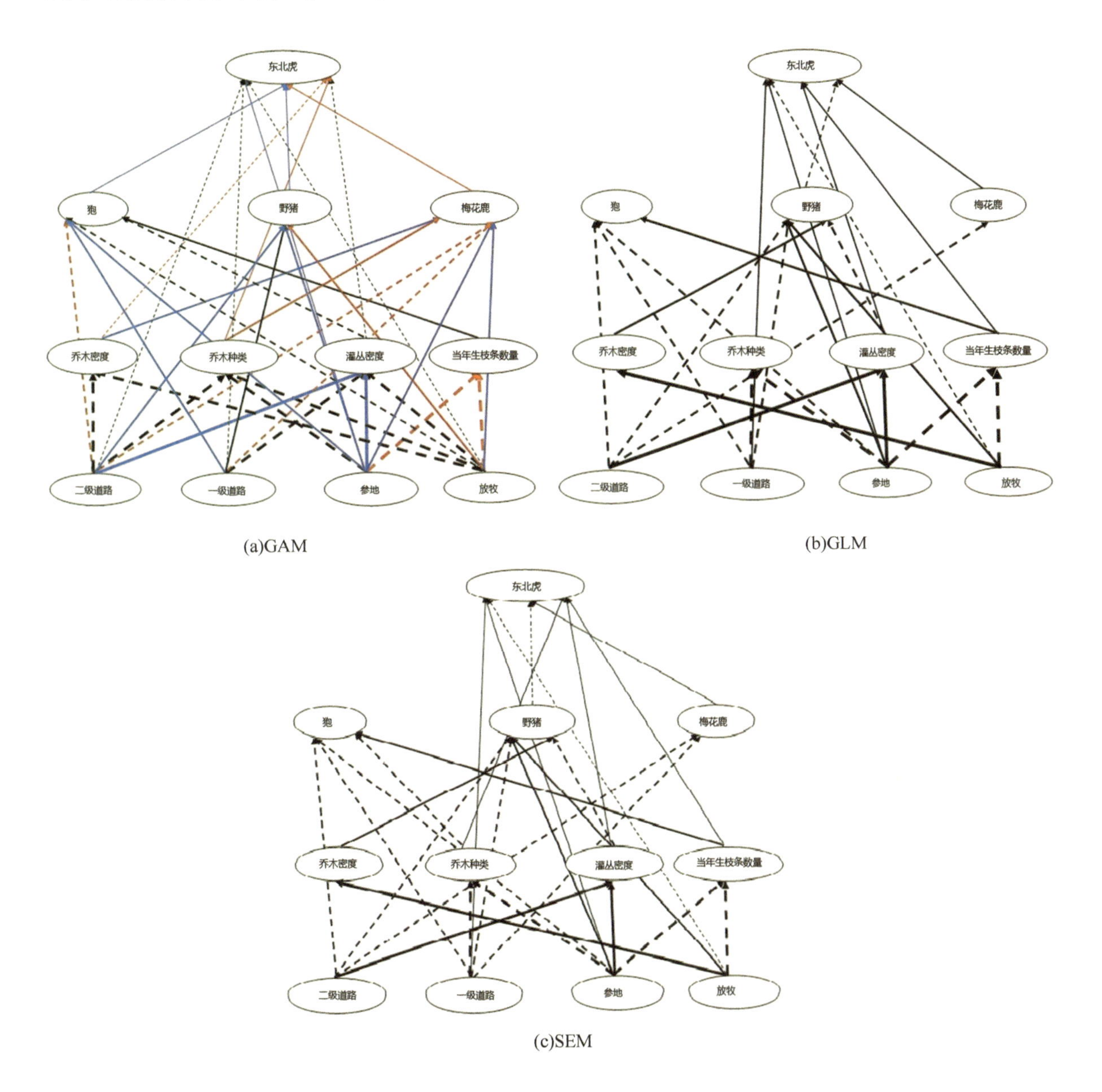

图 2　根据 3 种模型，预测二级公路、一级公路、人参地和放牧对植被、猎物和东北虎的影响

自然范围的丧失限制了亚洲大型猫科动物的种群增长，并可能导致它们灭绝。东北豹是一种高度难以捉摸的稀有物种，在全球范围内受到严重的灭绝威胁。本次研究利用 10 年间东北豹的出现数据，开发了中国东北豹的历史范围分布模型，探索当前东北豹存在的区域范围，了解限制东北豹的空间分布的因素，确定其种群规模并估计了潜在栖息地的范围。本次的研究结果确定了东北豹在中国长白山区北部山地48 252 km^2的当前分布区，评估出21 173.7 km^2的适宜栖息地斑块，可容纳约195只的东北豹种群生存，为全球极度濒危的东北豹种群的恢复寻找到了希望。

在另一项研究中，我们对中国东北吉林省的东北豹种群进行了红外相机调查。我们计算了东北豹种群的丰度和密度分布，并探讨了猎物种群密度和猎物生物量、栖息地和人为因素对东北豹密度空间分布的影响。研究结果表明，东北豹密度的空间分布对不同猎物种群的密度呈现出不同的响应。东北豹不仅对高密度的野猪种群回避，而且也回避东北虎的适宜栖息地，我们应该采取全面的适应性景观和猎物保护策略来拯救这种极度濒危的捕食者。

2. **雪豹生态学研究与保护管理**

关于高海拔地区食肉动物种间食物竞争的信息有限。使用占域模型(PRESENCE)分析从中国塔什库尔干自然保护区收集的数据，揭示了雪豹（*Panthera uncia*）、灰狼（*Canis lupus*）、红狐（*Vulpes vulpes*）与它们的猎物物种，包括与家畜之间空间生态位的关系。同时，使用DNA物种鉴别及粪便食性分析技术，分析雪豹等捕食动物的食物组成重叠度。

通过分析红外相机数据，估算调查区域内雪豹的种群密度，截至2013年，累计拍摄雪豹照片(视频)约450张(段)，同时采用样线法估测调查区域内北山羊(*Capra sibirica*)和岩羊(*Pseudois nayaur*)等雪豹主要猎物的种群密度。

3. **研究工作新发现和标志性成果**

中国猫科动物保护研究工作发展到现在，产生了很多标志性的发现和成果：科研团队拍摄到了中国首张清晰完整的东北豹自动相机影像、首张黑龙江省野生东北虎和东北豹自动相机影像，首次发现了东北豹带2只幼子活动的繁殖证据，首次在新疆塔什库尔干地区拍摄到了野生雪豹照片，首次发现并鉴定了 1 只雌虎带领 3 只幼崽活动的足迹，等等，见图 3。这些发现和成果的积累，帮助我们增强了对目前东北虎、东北豹、华北豹和雪豹的种群情况、活动规律的了解认识，为急需开展的恢复种群保护计划提供了重要的科学依据。

图 3 科研团队利用红外相机拍摄到的“第一次”

通过分析 2000—2014 年近 10 年东北虎、东北豹的出现信息，发现了东北虎 799 次的出现信息，共占据 41 200 km^2的栖息地；而东北豹则有 643 次出现信息，占据 10 200 km^2的栖息地。

通过自动相机监测和分子遗传学的方法，中俄联合分析了东北虎、东北豹的跨境活动情况，结果显示许多个体频繁来往于中俄两国，但是研究区域内东北虎和东北豹的遗传多样性让人担忧，中俄已对此开展联合调研。保护和恢复东北虎、东北豹这两种家域较大的猫科动物的种群，只有通过中俄更紧密的合作，才能取得良好效果。

国内很少有研究评估在改变土地管理对顶级捕食者保护的有效性中，社会和生态的相互作用。姜广顺等使用来自中国东北的 65 年的数据集，评估了政府决策在解决人类与野生生物冲突和改善人类生活方面的作用。从 1998 年到 2015 年，国家实施“天保工程”以来，虎、豹核心分布区的森林蓄积量持续增加，在同一时期观察到关键猎物物种增加，大型猫科动物种群及其栖息地面积也有所增加，见图 4。从 1999 年到 2015 年，东北虎的年增长率为 1. 04%，东北豹的年增长率为 1. 08%。在以前不可持续的森林土地使用模式下，森林资源过度开发和大型猫科动物减少的状况被逐步逆转。因此，中国天然林保护工程是东北虎、东北豹恢复的重要基础被首次证明。

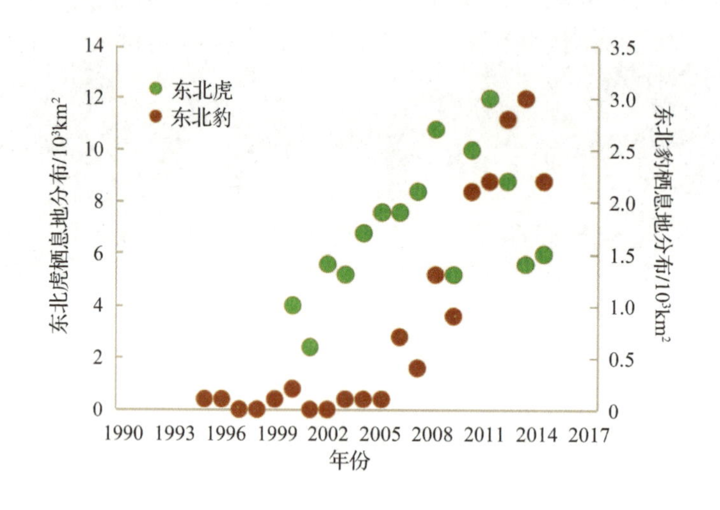

图 4　我国实施“天保工程”以来东北虎、东北豹占有栖息地的面积变化

（三）国际合作

中国大型猫科动物的保护，必须借助与世界知名虎豹研究机构的国际合作。国家林业局猫科动物研究中心等国内东北虎、东北豹研究机构已经与俄罗斯、美国等国的国际知名机构开展联合攻关，旨在探索大型猫科动物种群和分布的有效监测技术、栖息地评价技术、猎物种群调查技术、栖息地恢复技术、移动生态学等急需解决的关键保护生物学问题。

猫科动物研究中心与 WWF、WCS 开展合作，共同推动东北虎栖息地保护恢复的研究平台建设；推进老虎保护与研究的信息交流，促进国内外猫科动物保护信息的及时交流与发布，引入国际先进研究理论、技术与设备，推动国际互访、国际会议和国际项目合作；共同筹集研究资金，用于猫科中心东北虎及其栖息地研究与保护项目。

猫科动物研究中心与联合国亚太经济与社会理事会（UN ESCAP）开展合作，主要有中俄虎豹跨国移动的自动相机监测和遗传分析研究、中俄虎豹遗传数据信息和影像数据信息的共享、中俄遗传监测和自动相机监测技术的标准统一，以及图们江流域的生物多样性保护和环境评估。

在学科融合和技术创新上，猫科动物研究中心与美国杜克大学（Duke University）开展合作，基于圈养虎种群研究资源，联合开发足迹影像识别技术（footprint identification technology），应用于野生东北虎种群的监测，开发足迹影像的个体、性别、年龄、亲缘关系识别技术。

2018 年 9 月 4—6 日，“国际雪豹保护大会”在广东省深圳市召开。来自中国、印度、俄罗斯等雪豹分布国的政府或专家代表围绕雪豹的种群数量与分布评估、雪豹在国家和地区的潜在威胁、雪豹研究和保护的技术方法、雪豹生态系统的探索、雪豹保护的良好实践等五大专题进行了深入讨论交流，分享了先进的保护技术和管理经验，探讨和计划实施更多跨国境栖息地保护合作项目，并通过了《全球雪豹保护深圳共识》。

四、展　望

在习近平新时代生态文明建设思想的背景下，中国猫科动物保护研究工作遇到了难得的发展契机。由于各种技术的快速发展，中国野生动物的保护和管理也到了需要变革的时刻。猫科动物保护和研究的发展与变革离不开以下研究方向的支撑：

1. 猫科动物种群和栖息地保护生物学研究

重点研究野生虎、豹、雪豹、猞猁等种群及其栖息地的有效监测方法和恢复技术；开展虎、豹等大型猫科动物无线电跟踪等基础研究；开展猫科动物与猎物作用关系及其在森林生态系统生物多样性保护中的生态功能等。

2. 猫科动物猎物种群及其栖息地保护生物学研究

对野生东北虎、豹、雪豹、猞猁等猫科动物的主要猎物（马鹿、狍子、野猪、梅花鹿等）的营养生态学、行为生态学、分子生态学、栖息地破碎化影响机制、种群恢复生态学等方面进行重点研究，并加强国家虎豹公园试点建设与管理研究。

3. 猫科动物保护遗传学研究

重点研究野生东北虎、豹、雪豹、猞猁等猫科动物种群非损伤性取样技术的遗传多样性、遗传地理分布与进化等，并发挥野生种群粪便分子生物学的性别鉴定、个体和亲缘关系识别等遗传学的技术优势。

4. 猫科动物野化与放归技术研究

重点研究东北虎、华南虎的野化与放归等技术，主要包括种源的选择、幼虎发育规律、亲缘选择、行为驯化、驯化场和放归地的选择与设计规划等，实现放虎归山，加快野生虎种群的恢复速度，推进全球虎保护工作的进展。

五、建　议

现阶段，中国东北虎、东北豹种群资源状况已基本摸清，管理工作也初步理顺。我们急需对东北虎、东北豹种群结构、栖息地质量进行科学系统的评估，以促进东北虎、东北豹种群健康持续增长。针对当前虎豹种群面临的主要威胁因素，我们下一步要重点搞清楚以下几个方面的问题：一是需要量化东北虎、东北豹真正的生态需求，才能保证采取的保护措施科学有效。二是在解决上述管理问题和技术标准问题的基础之上，还要考虑在有效保护虎豹的同时兼顾人的经济发展需求。要对虎豹分布区的保护区内外都进行精细化评估，对于面临的不同威胁有针对性地采取栖息地恢复和猎物恢复措施，找到适合当地的绿色经济发展之路，努力让当地居民在虎豹保护工程中受益，从而调动他们参与保护和从事适当的生态经济活动的积极性。三是根据管理和评估需要，创新野生动物和栖息地变化恢复监测体系。尽管天地空一体化监测的设计结合了多种现代先进技术，局部区域的信息监控设施建设也是必要的。但需注意，一定要将监测措施和监测活动对植被、野生动物带来的负面影响降到最低。监测是手段不是目的，应根据监测目标和需求，尽可能地应用或研发对环境和野生动物无损伤或损伤性弱，人为活动频次和人工设施带来的噪声、辐射等指标低的监测技术手段，以确保虎豹和猎物的生态安全，乃至森林生态安全。四是要研究建立以国家公园为主体的自然保护地体系。国家公园是最重要的自然保护地类型，但不是唯一的，还需要有其他自然保护地作为补充，自然保护区、森林公园、天然林保护等保护管理措施只能加强不能削弱。

综上，为保护东北虎、东北豹种群资源及其所在的自然生态系统，应遵循东北虎、东北豹种群可持续生存与发展的保护生态学规律，并建立“管理体制与技术创新统一平台”，利用我国当前东北地区天然林禁伐、棚户区改造、国家公园建设等工程蓬勃开展的良好机遇，创新保护举措，筹建大空间尺度的东北虎、东北豹自然保护网络，促进我国东北虎、东北豹栖息地质量的全面提升，逐步实现老爷岭、张广才岭与完达山的东北虎种群有效连通，实现人与虎豹的和谐共存，让东北虎、东北豹成为我国重要的生态、经济和文化财富。

中国猫科动物的科学保护不是一个国家或某个机构可以独立完成的，需要全社会广泛关注，业界同行共同参与，国际间通力合作，虽然任重而道远，但是希望它能引领我国野生动物保护与管理的变革！

作者简介

马建章，男，1937 年 7 月出生，汉族，辽宁省阜新市人，中国工程院院士，东北林业大学教授，东北林业大学野生动物与自然保护地学院名誉院长。他是我国野生动物管理学科和野生动物管理高等教育的奠基者，结合国情最先提出“加强资源保护，积极驯养繁殖，合理经营利用”的野生动物管理方针，成为我国野生动物管理的理论和法律基础。曾获国家和省部级各类奖励 30 余项；编著我国首部《野生动物管理学》和《自然保护区学》教材，主编、主审专著和教材 20 余部；在国内外期刊上发表学术论文 300 余篇。

森林经理学的回顾与思考*

唐守正

引　言

林学(Forest Science)诞生于18世纪中叶，森林分布地域广、生命周期长、生物多样性丰富，以及森林和生态的密切关系，是林学与农学的基本区别。需要大尺度、长时间分析森林的生长与演替，并以此为规律安排林业活动，这就是森林经理学(Forest Management)的主要研究内容。它的核心成果属于林学的基本思想的范畴。正是因为这个原因，它成为每个林学学生需要学习的一门专业课程，是林学的龙头学科。森林经营与森林经理学更有着密切的联系。随着世界和我国林业形势的发展，我国森林经营重点的转向，需要回顾森林经理学的发展历程，厘清森林经理学的发展方向，让其更好地为我国生态文明建设服务。本文提供了一些笔者的思考，请批评指正。

* 2017年5月第五届中国林业学术大会上的主旨报告。

一、林学思想的发展

在林学成为独立学科后，世界林学思想发展大致可以分为 3 个阶段：木材的永续利用、森林多功能利用和森林可持续经营。

第一次工业革命的兴起对木材的大量需求，造成早期工业国家大量采伐森林，森林经理学正是为应对人类对森林的大规模破坏而出现的，提出“木材的永续利用”的思想观点。随着对森林认识的加深，1960 年第 5 次世界林业大会的主题被定为“森林多功能利用”。林学的主流思想由保证“木材的永续利用”转变为“提供森林的多种效益的利用”。1987 年，世界环境与发展委员会提出“可持续发展”的定义。经过一系列林业国际行动，行业提出“森林可持续经营”这一观点，在 1992 年里约世界环境与发展大会上得到国际认可。林业的基本原则已经由“森林多功能利用”发展为“森林可持续经营”。

由“木材利用”转变为“经营森林”，包含着 2 个基本转变：①以木材生产为目的转变为发挥森林的多种功能；②以利用为目的转变为以可持续森林经营为目的。

森林经理学出现的一个重要原因是森林利用与森林保护的矛盾急需一种学科来研究解决。但是经过 200 余年的实践，森林经理学并没有很好地解决这个矛盾。可持续森林经营（简称森林经营）是解决森林保护和森林利用矛盾的钥匙。前两种森林经营思想，只强调了森林利用（对森林的索取），而忽略了对森林的投入（对森林的回馈）。经营森林应该既有产出也有投入。通过森林经营的投入（营林工作）加速正向演替，产出是森林对投入的回报。森林利用和保护在这种对立中统一起来。这应该是世界的基本共识，例如联合国气候变化大会通过的《哥本哈根协议》肯定了森林管理对增加碳汇的作用。

现代森林经营可以定义为：一个森林经营体系是一个森林经理计划对林分整个

生命过程的实施。它包括 3 个基本成分，分别为收获、更新、田间管理，来模拟林分的自然生长过程，达到培育健康稳定的森林生态系统的目的。

这个定义（在中文语义中）包括了 4 个基本准则：

（1）森林经营的目的是培育健康稳定的森林生态系统，因而必然是高效的和多功能的。

（2）森林经营包括一个现实森林的整个生命过程，因而需要全周期经营。

（3）森林经营的基本原则是模拟林分的自然生长过程，包括更新、连续覆盖、森林结构调整、土壤肥力增加、生物多样性维护等。

（4）认真执行森林经理计划，森林资源管理的原则需要跟上林学思想的转变。例如从以林产品为管理重点转向以森林生态系统为管理重点。

二、我国森林经营历程简述

早在 20 世纪初森林经理学传入我国之时，林学专业便开始开设森林经理学课程，林学从农学中分离出来。

自 20 世纪 50 年代，我国成立了国家、省和经营单位级的森林调查队伍，建立了国家、省、经营单位的三级森林调查体系。我国完成了全国森林区划，建立了各级林业局（场），编制了多种专业用表，编制了国家森林规划和经营单位级的施业案，基本满足了当时国家对林业的需求，对林业建设作出重大贡献。

“文化大革命”期间，为了保护森林，防止森林采伐像“割小麦”一样，把一片林地一扫而光，林业部提出“森林分工论”，强调要保留母树林和其他各种用途的森林。经营单位级的施业案虽然仍然在编制，但基本没有应用于指导森林采伐。

为了进一步控制森林采伐量，20 世纪 80 年代以后，我国开始执行“采伐限额”

行政指令，基本上废除了施业案编制，二类调查由企业行为转为政府行为。生产制度上的变化导致一些人认为森林调查的主要任务是为政府提供资源消长数据。森林经理学的核心目的——如何安排林区在一个生长周期内的作业（旧时称轮伐期）已经丧失。

为了履行森林可持续发展的任务，20 世纪 90 年代以后，我国森林经营进行了一系列改革。在理论上经历了几次大讨论，我国逐渐明确了森林经营的目的和技术路线，包括：实行了天然林保护、森林分类经营，引进了以恒续林为蓝本的经营方式，开始了全国森林抚育工程并修改了森林抚育规程，开展了战略储备林建设项目，完成了《全国森林经营规划（2016—2050 年）》，把森林质量精准提升纳入了“十三五”规划等。

从我国森林经营的历程，可以大致看出一条脉络，为了在满足木材需求的基础上保护森林，相关的探索从单纯的行政手段走向依靠科学制订计划的发展之路。

三、什么是森林经理学

18 世纪，德国首先出现了“森林经理学”这一概念，其含义是森林筹划，之后被翻译成英文（Forest Management）、日文（森林经理）等。21 世纪初，中国林学专家将日文直译为“森林经理学”（对比森林经营）。古典森林经理学以木材为主线，内容包括森林区划调查、规划、作业法和组织施业、财务分析等。目前，我国已经把财务分析划归林业经济学。

我国森林经理学的内涵是以培育健康稳定的森林生态系统为目的，获取必要的数据，分析数据从而确定在什么地点、对什么森林、在什么时间、采取什么措施的理论与技术，可以概括为“数据获取”“数据分析”“制订计划”和“组织经营”。广义的森林经理学指上述的学科群，核心是“数据获取”和“制订计划”。由于森林经理学的研究内容必然涉及林学的发展方向，因此林学界认为森林经理学是林学的龙头学科。简要地说，森林经理学研究“做什么”，森林经营学研究“怎么做”，因此森林经理学的发展与我国森林经营工作实践基本同步。

从20世纪后期开始，我国森林经理学的“数据获取”和“数据分析”技术实现了飞速发展：20世纪80年代，使用遥感技术估计森林蓄积量和制作森林分布图的实验获得成功。20世纪90年代初，我国完成了用GIS分析和管理经营单位级森林资源的实验，当时的设备、技术和成果虽然很粗糙，但是却标志着一项新技术的诞生。21世纪以来，遥感、GIS、GPS、互(物)联网、模型等已经成为森林监测和数据分析的常规手段，虚拟现实技术也开始在林业规划中得到应用。新兴的对地观测技术包括高分辨传感器、无人机和近地观测，尤其是激光雷达的研究受到特别重视，有希望成为解决森林监测中一些困难问题和加强森林生态监测的有力手段。近年来，对于森林碳汇的计量和估计取得了显著进展。这项工作基本上属于“数据获取”和“数据分析”范畴。

对于“制订计划”这一核心任务，除重述古典木材均衡生产的理论外，其他仅有一些零散的实验研究，例如探讨一些林区和林分水平的数学规划方法(必然用到模型和模拟技术)，几乎没有得到实际应用。因此，我国出现了森林经理学改名(取消)的风波。

四、加强基础理论研究，应对我国现代林业发展的需求

森林经理学需要本学科的基础理论。根据森林经营的基本准则，制订森林计划的理论必须回答2个基本问题：①什么是健康稳定的森林生态系统；②怎样以人工

手段促进森林达到目标状态。

原始林是植被与环境长期适应和演化的结果，是最适应当地自然条件的健康稳定的森林生态系统，为我们规划森林的发展提供了可靠的参考。我国森林经过长期破坏，已经很少有原始林，但是一般还存在破坏较少的森林，可以发现原始植被的线索。这为我们研究什么是健康稳定的森林生态系统提供了参考，包括它的树种结构、混交方式、垂直结构、更新规律、下木和植被、土壤结构等。这是森林规划的目标。

为了达到这个目标，必须理解森林对计划经营活动的反应，森林作业计划必须知道作业的后果以指导制订计划。这一点应该作为森林经理学和森林经营学基础理论研究的重点内容。

古典森林经理学有 2 个主要学派：法正林和连续覆盖。发展到现在演变出许多流派，如森林调整和近自然林。约 100 年前，二者就有争论，开始了百年实验对比。由于 2 次世界大战，没有完成实验。到 21 世纪，越来越多的林学家倾向于以连续覆盖为基础的森林经营方式。甚至有林学家提出：近自然林业是可持续林业，反之则不可行。近自然林业是改善森林而不仅是为未来保存(preserve)森林，是提高森林的整体效益而不仅是平衡各种矛盾的效益。

我国近年来开展的“森林经营试点”工作为森林经理学的理论和实践研究开创了先河，需要长期坚持下去。现如今，我们应该结合我国林业实践，加强森林经理学体系的建设，以应对我国现代林业发展的需求。

作者简介

唐守正，男，1941 年出生，中国科学院院士，森林经理学家，中国林业科学研究院资源信息研究所研究员、首席科学家。曾任第九、十届全国政协委员，国务院参事。长期从事森林资源调查、森林经理、森林数学和计算机数学模型技术在林业中应用的研究。提出了全林整体生长模型的概念及模型相容性原理，成为林分生长模型的基础理论。成功地把全林整体生长模型应用于人工林集约经营管理技术中，并提出定量评价经营措施的方法等，把中国森林经理学的研究提高到一个新的高度。完成的“与森林资源调查相结合的森林生物量测算技术”成果，在我国森林植被生物量和碳储量评估中得到应用。获得国家、省部级科技奖项10项；出版专著7部、译著1部；发表论文160余篇。曾被授予“有突出贡献的博士学位获得者”“全国农业科技先进工作者”“第五届全国杰出专业技术人才”和原国家林业局“林业重大贡献奖”等荣誉称号和奖项。

第二篇

专家报告

科技社团的定位与功能发挥
——中国林学会的探索与实践*

陈幸良

科技社团是社会组织的重要组成部分，是国家创新体系的重要力量，在推动科技进步、促进经济转型发展、完善社会治理体系中发挥着越来越重要的作用。党的十九大报告提出到2035年我国跻身创新型国家前列，这对科技社团改革发展提出了新的更高的要求。中国林学会是我国林业界历史最悠久、学科最齐全、体系最完善、会员覆盖面最广的林业科技社团，是林业科技创新体系中的重要组成部分，是推动林业科技进步和创新的生力军。近年来，在中国科协、国家林业局的领导下，中国林学会按照新一届理事会提出的“继承、改革、创新、服务”的宗旨，深化改革，明确定位，发挥和增强科技社团的功能，突显学会“四个服务”的本质功能。学会组织体系进一步扩大，会员发展到10万余人，分支机构达到44个；2015年，学会入选全国优秀科技社团，获得连续3年的资助；学会所设奖项梁希奖始终保持着高度的权威性，被公认为林业行业的最高科技奖；学会主办的期刊《林业科学》连续多年被评为“百种中国杰出学术期刊”之一，被公认为林业科技期刊之首；学会连续6次被中国科协授予“全国学会科普工作优秀集体”的荣誉称号；学会主办的中国林业智库影响力不断提升，与国际间的合作交流日臻紧密，已经成为国内外知名的科技社团。

* 2017年11月科技社团改革发展理论研讨会上的主旨报告。

中国科协是我国管理科技社团最多的组织系统。截至 2017 年，中国科协所属全国学会 210 个，其中业务主管的全国学会 189 个，团体会员 192 个。中国科协所属学会是我国科技社团的中坚力量，是国家科技创新体系的有机组成部分，是社会治理创新的重要依托力量。本文以中国林学会探索科技社团的定位和功能发挥为例，对深化科技社团改革发展进行分析思考，以期为其他科技社团的发展提供参考。

一、科技社团的定位：在生态文明和创新型国家建设中勇挑重任

所谓定位，就是找准方向、位置和坐标，扮演好自己的角色。科技社团的定位，主要是指科技团体在国家政治体制和社会政治、经济、文化和教育、科技发展中所占有的地位，是科技团体社会价值的体现，主要包括科技团体的社会地位、政治地位、科技地位和法律地位等。科技社团的定位，要以习近平新时代中国特色社会主义思想为指导，立足新时代、新起点、新要求，从党和国家事业发展大局出发，找准科技社团的历史方位和工作定位。

2017 年 1 月，中国科协印发的《中国科学技术协会全国学会组织通则(试行)》规定：中国科协所属的全国学会是按自然科学、技术科学、工程技术和相关科学的学科组建，或以促进科学技术发展和普及为宗旨的社会团体。全国学会要认真履行为科技工作者服务、为创新驱动发展服务、为提高全民科学素质服务、为党和政府科学决策服务的职责定位，团结动员广大科技工作者创新争先，促进科学事业的繁荣和发展，促进科学技术的普及和推广，促进科技人才的成长和提高，推动开放型、枢纽型、平台型科协组织建设，成为党领导下团结联系广大科技工作者的社会团体，为实现中华民族伟大复兴的中国梦而努力奋斗。这“四个服务”清晰地指出了全国学会的定位、方向和职责。

中国林学会定位于“四个服务”，始终在改革发展中努力前行，主要集中体现在以下四个方面。

（一）在历史的长河中不忘初心，牢记使命

中国林学会成立于国家积贫积弱的20世纪初。国难深重、民族危亡之际，凌道扬等一批知名人士心怀“科学救国、科学兴林”的理想，以“集合同志，共谋中国森林学术及事业之发达”为宗旨，发起成立了中国林学会的前身，我国第一个林业学术团体——中华森林会。这一举措开创了我国近代林学和林业社团发展的新纪元，开启了我国林业从传统林业向现代林业的历史转变。中国林学会的发展经历了3个阶段：1917年的初创时期，时任金陵大学林科主任的凌道扬联合梁启超等社会名人在上海成立了中华森林会；1928年，姚传法等人倡议恢复林学会组织并更名为中华林学会；中华人民共和国成立后，我国于1951年将学会恢复定名为中国林学会。100年来，中国林学会历经风雨，几经起伏，但矢志不渝，始终坚持以建设林业、服务祖国为己任，始终不忘绿化祖国、改善国计民生的历史使命，不忘初心，砥砺前行，为国家的民主富强，为林业事业发展作出了突出贡献。“集合同志，共谋中国森林学术及事业之发达”，这个中华森林会成立时定下的学会宗旨，一直到今天还是广大林业科技工作者的座右铭。2017年5月，中国林学会召开了成立100周年纪念大会，中共中央政治局委员、国务院副总理汪洋亲切接见了梁希奖的获奖代表，中国科协主席、科技部部长万钢致贺信。汪洋副总理在接见获奖代表时，充分肯定了中国林学会取得的辉煌成绩，高度赞扬了梁希奖获得者等林业科技工作者为林业事业作出的重要贡献，希望中国林学会以成立100周年为契机，深入学习贯彻习近平总书记系列重要讲话精神，坚持正确的办会宗旨，不忘初心，继续前行，充分发挥学会的独特作用，为我国林业现代化和生态文明建设作出新的贡献。

（二）在生态文明建设的征程中，忠实履行职责

林业是生态建设和保护的主体，是建设生态文明、实现人与自然和谐的主阵地。长期以来，由于人类对自然生态系统进行了前所未有的改造，全球已经出现了森林大面积消失、土地沙漠化扩展、湿地不断退化、物种加速灭绝、水土严重流失、严重干旱缺水、洪涝灾害频发、全球气候变暖等生态危机，对人类生存发展构成了巨大威胁。同时，我国也面临着自然生态系统脆弱、生态破坏严重、生态产品短缺、生态差距巨大、生态灾害频发、生态压力剧增等严峻形势，严重侵蚀着中华民族生存发展的根基。中国林学会的广大林业科技人员是林业和生态文明建设的生力军，围绕维护国家森林生态安全、推动绿色发展、精准扶贫、应对气候变化等国家大局，围绕林业现代化建设的重点、难点问题，致力于推进林业科技创新，为林业现代化建设提供强有力的科技支撑。他们的主要职责为：保护自然生态系统，实施重大生态修复工程，加快自然恢复类生态修复，实施天然林资源保护、湿地保护与恢复等工程，大力促进自然恢复；恢复重建生态系统，实施好退耕还林（还草）、石漠化治理、农田防护林等工程；认真实施天然林保护、新一轮退耕还林等重点生态修复工程，对尚未遭受破坏的生态系统进行严格保护；实施好野生动植物保护及自然保护区建设等工程，对遭受一定程度破坏的生态系统，要加强保护，让其休养生息；推动国土绿化行动工程实施，构建“一圈三区五带”的林业发展新格局，加快建设东北森林屏障、北方防风固沙屏障、沿海防护林屏障、西部高原生态屏障、长江流域生态屏障、黄河流域生态屏障、平原农区生态屏障、城市森林生态屏障；开展大规模植树造林活动，集中连片营造森林，形成大尺度绿色生态保护空间和连接各生态空间的绿色廊道，构建国土绿化网络；加速推进三北防护林、长江珠江防护林、沿海防护林、农田防护林、太行山绿化、林业血防、盐碱地造林、干热河谷造林、山体生态修复等工程；促进绿色发展和生态脱贫，在全面提升林业生态功能的同时，大

力发展木材培育、木本粮油和特色经济林、森林旅游、林下经济、竹产业、花卉苗木、林业生物、野生动植物繁育利用、沙产业、林产工业等主导产业；加快荒山绿化、城乡绿化，通过创建森林城市、森林乡镇、森林村庄，让群众推窗见绿、开门见景，直接享受到绿色之美；大力发展森林公园、湿地公园和自然保护区，建设美丽中国。目前，截至 2014 年第八次全国森林资源清查，我国森林覆盖率已达到 21.66%，森林蓄积量达到 151 亿 m^3，人工林面积达到 6 933 万 hm^2，位居世界第一位；建有森林公园 2 850 处、湿地公园 483 处、自然保护区 2 407 处，总面积达 1.63 亿 hm^2。我国森林在发展布局上以国家“两屏三带”生态安全战略格局为基础，以服务“一带一路”建设、京津冀协同发展、长江经济带发展三大战略为重点，按照山水林田湖生命共同体的要求，系统配置森林、湿地、沙区植被、野生动植物栖息地等生态空间，引导林业产业区域集聚、转型升级，为生态文明和可持续发展奠定了坚实基础。

（三）在创新型国家建设中，勇攀科技高峰

习近平总书记在党的十九大报告中指出，加快建设创新型国家。要瞄准世界科技前沿，强化基础研究，实现前瞻性基础研究、引领性原创成果重大突破。当前，我国正处于建设创新型国家的决定性阶段。同时，中国经济增长已进入从高速到中高速的“换挡期”，也已经到了必须更多依靠科技创新引领、支撑经济发展和社会进步的新阶段。坚持绿色富国、绿色惠民，为人民提供更多的优质生态产品，开展大规模国土绿化，加强林业重点工程建设，增加森林面积和蓄积量，都要勇攀高峰，在科技发展前沿实现重大突破，使科技创新的成果更多转化为现实生产力。未来 5 年，国家将加快国土绿化步伐，加快推进林业现代化建设。到 2020 年，森林覆盖率提高到 23.04%，森林蓄积量增加到 165 亿 m^3 以上，森林生态服务价值达到 15 万

亿元，森林植被碳储量达到95亿t，湿地面积不低于8亿亩①，林业自然保护地面积占国土面积比例稳定在17%以上，治理沙化土地1 000万hm^2，林业产业总产值达到9万亿元，林产品进出口额达到1 800亿美元。完成这些艰巨的任务，从根本上说，要靠加快实施林业科技创新驱动战略。在经济发展新常态下，生态投入难以明显增加；我国森林总量不足、质量不高的状况没有得到根本改变，难以满足人民群众对良好生态的需求；现有造林地大部分在干旱半干旱地区，造林绿化越来越困难；林区基础设施薄弱，基层管理水平仍需提高，职工生活十分困难，技术人才大量流失。围绕这些难题，要在科技创新上挖潜力、找突破：要依靠科技创新提升森林资源培育技术水平，加大资源培育力度，实现发展目标；要依靠科技创新突破生态保护与建设的技术瓶颈，加强森林生态系统、湿地生态系统、荒漠生态系统建设和生物多样性保护，保障国土生态安全；要依靠科技创新推动产业升级，发展潜力巨大的生态产业、可循环的林产工业、内容丰富的生物产业等国家战略性新兴产业；要依靠科技创新提高林业生产效益，深化国有林区、国有林场、集体林权改革，实现兴林富民。中国林学会学科齐全、体系健全，各分会基本都是按照学科类别组成的，同时又体现了新兴学科和交叉学科的发展。各分会带头人大多是高校、科研院所的学科带头人，能够凝练形成林业科技创新的关键领域和重大项目，为林业科技重点领域和核心方向提供基础。中国林学会要强化自主创新，勇攀科技高峰，在生物种业、生物能源、生物材料、生物医药、生物环保等关键领域取得重大突破，引领林业未来的发展；要加强先进实用技术的集成配套和科技成果的转化应用，大幅度提升我国林业生态建设和产业发展的水平。

① 1亩≈666.67 m^2

（四）在社会治理体系中，走中国特色社会主义群团发展道路，实现党的工作全覆盖

我国的科技社团是中国共产党领导下的群众团体，是党联系广大科技工作者的桥梁和纽带，是具有鲜明政治性的学术组织。坚定不移地走中国特色社会主义群团发展道路，是对党的群团工作长期奋斗历史经验的科学总结。这条道路是中国特色社会主义道路的重要组成部分，其基本特征是各群团自觉接受党的领导、团结服务所联系群众、依法依章程开展工作相统一。中国林学会秘书处编制 35 人，其中党员 29 人。2017 年，中国林学会成立了理事会层面的功能性党委，实现了党的组织和党的工作全覆盖。学会党组织全面落实从严治党主体责任，坚持“一岗双责”责任制，充分发挥党的领导核心作用，坚持围绕中心、服务大局，形成“一把手”负主要责任，分管领导对分管部门负领导责任，部室主要负责人对本部门负直接责任的领导机制和工作机制；学会领导班子与各部室主任签订党风廉政工作责任书，建立一级抓一级、层层抓落实的责任体系，推动党风廉政工作主体责任的落实；突出党建的针对性和服务性，制定学会党建强会实施方案，科学设计活动载体，进一步完善学习制度，强化思想理论武装，规范党内政治生活和组织生活，严格党员的教育管理；进一步完善各项规章制度，严格规范领导班子、党员、职工的行为，加强纪检监督，强化监督执纪问责；加强干部队伍建设，提升干事创业能力，扎实推进“两学一做”常态化，持之以恒贯彻落实中央八项规定精神，解决“四风”问题，营造学会风清气正的良好发展环境。学会定期召开常务理事会，研究学会重大事项，实行民主办会。学会新设组织联络部，为加强组织建设提供了组织保障。根据林业建设和学科发展的需要，学会不断加强对分支机构的管理与服务，新增了松树、杉木、珍贵树种、古树名木、园林、盐碱地、林下经济、生物多样性等 8 个分会，坚持服务国家创新驱动发展的大局，服务建设生态文明和美丽中国的大局，服务发展生态林业和民生

林业的中心工作，为林业生产提供科技支撑，为林农群众提供科技服务，为学会会员提供交流、创业、成才的平台。分支机构能够按照专业分工，积极开展学术交流、科学普及、咨询服务等活动，成为学会学术交流的生力军，成为学会联系会员、服务会员的重要纽带和桥梁。分支机构换届等重大事项能按规定履行报批手续，按期提交年度工作总结和计划，定期召开分会理事会(委员会)会议，推进学科发展。不断推进学会治理机构和治理能力建设，学会功能不断增强，发挥的作用越来越大。

二、科技社团的功能：让学会在公共服务中发挥更大作用

（一）科技社团的六大功能

所谓功能，意指事物或方法所发挥的有利作用。科技社团的功能就是利用其智力密集、人才荟萃、学科齐全、资源丰富、联系面广的特点，发挥其纽带、促进、协作、传播、开发等功能。科技社团具有天然的六大功能。

1. 学术功能

学术交流活动是学会的核心工作，多样化的学术活动，能够不断深化学会内涵，增强学会的影响力和凝聚力。学术功能是学会的核心竞争力，能够在学术交流、学科进步上展示学术权威的绝对优势。

2. 经济功能

经济功能包括决策咨询、科技咨询、产学研合作、技术服务、科技报告等，能够促进学会与经济建设紧密结合。学会是科技人才集中的智力集团，科技人员的才智、技能和经济相结合，就能提升转化为价值。

3. 科普功能

学会具有学科优势，在科学技术的教育、传播和普及上抢占先机，是公民科学

素质建设的核心骨干，是提高公民科学素质的主力军。

4. **人才培育功能**

学会以科技人员为本，以科学技术本质、内涵为先导，促进学科发展、科技人才成长。

5. **文化功能**

学会的价值观念和精神追求构成学会的组织文化(学会约定俗成的行为规范、价值观念、知识、技能、思想、感情的总和)，是创新文化的组成部分。

6. **社会功能**

学会应承接社会服务职能，拓宽工作领域，面向社会，开展公益性、群众性科技活动和服务。

（二）中国林学会的六大功能

中国林学会在功能作用上，集中体现为发挥了“六个作用”。

1. **在学术上发挥引领作用**

开展学术交流是学会的天职。随着科技的不断发展，林业学科相互交叉、相互渗透，新兴学科、交叉学科不断涌现。中国林学会积极开展各种综合性、专题性学术交流，着力打造中国林业学术大会、现代林业发展高层论坛等品牌学术活动，促进不同学科的交流互动和新知识、新理论的发展。中国林业学术大会是我国林业行业内规模最大、层次最高、参与专家学者人数最多的学术交流大会，至今已成功举办了 5 届。大会紧盯国际前沿，围绕科技创新的关键领域核心问题开展学术交流，启迪林业创新思维，为推进林业自主创新奠定了基础。从 2015 年开始，中国林业学术大会由 4 年 1 次改为 1 年 1 次，学术交流频次增加，质量提升。据统计，5 届大会参加人数达到 9 800 余人，交流论文 5 600 余篇(表 1)，成为承载我国林业科技创新重任的重要平台。现代林业高层论坛集专题研究、学术研讨、决策建议于一体，为行政管理决策高层、林业知名院士专家、企业高层管理者提供了一个交流互动的科技平台，已经成为林业行业两年一度的层次最高的科技盛会之一。该论坛自 2013 年创办以来，已逐渐成为剖析绿色发展和生态建设中重点难点问题，催生交叉学科发展，引导林业科技创新方向的重要载体。

表 1　历届中国林业学术大会数据统计

届次	参会人数(大概数量)/人	论文数量/篇	特邀报告数量/篇
首届	1 500	1 178	76
第二届	2 100	1 156	46
第三届	2 300	1 275	98
第四届	1 300	609	60
第五届	2 600	1 390	132

2. **在提高公民科学素质上发挥主力军作用**

没有全民科学素质的普遍提高，就难以建立起规模宏大的高素质创新大军，难以实现科技成果快速转化。自 1983 年以来，中国林学会始终坚持组织面向广大青少年举办集公益性、科普性、知识性、互动性、趣味性于一体的林学科学营，通过亲身体验和感悟的科普方式，提高青少年对森林和自然环境重要性的认识。该科学营已举办了 34 届，总传播覆盖人群超过 100 万人，成为深受广大青少年欢迎、社会各界积极支持、新闻媒体广泛关注的品牌性林业科普活动。创新的科普需要创新的形式，学会打造的微信公众平台“王康聊植物”以深入浅出、通俗易懂、喜闻乐见的方式向大众传播林业科学知识，该微信公众平台影响力不断扩大，已成为中国科协面向全国学会重点推广的传播模式典型。该平台阅读量总计 10 万余次，2017 年共刊登文章 51 篇，总计 5 万余字，展示精美图片百余幅，推送的内容涵盖植物分类学培训、植物趣闻、国内外植物园见闻等，使泛在、精准、交互式的林业科普服务成为现实。

3. **在决策咨询和技术服务中发挥智力支撑作用**

建设国家科技思想库，为政府提供决策咨询，是党和国家对科技社团提出的新要求。近年来，中国林学会充分发挥人才聚集的优势，加强综合研判和战略谋划能力建设，围绕国家战略、区域发展、林业现代化发展过程中的热点难点问题，积极开展前瞻性、针对性、储备性政策理论研究、决策咨询和技术服务。2014 年，学会创办《林业专家建议》内刊，及时反映科技工作者的呼声，提出了一批有价值、实效性强的政策建议，多次受到国家林业局、中国科协、科技部等有关部门领导的批示肯定。2015 年，学会联合北京林业大学、中国林科院等多家单位，发起成立由院士、知名专家、企业管理人员等组成的中国林业智库，围绕决策咨询、技术服务、科技评价、信息集成、生态文化传播等方面组建 5 个工作平台，聚焦林业生态建设和产业发展需求，有效解决全局或区域性关键技术问题。同时，学会开展了科技创新评价、重点实验室评估等活动。2017 年，通过竞争性招标，中国林学会承担了全国科技助力精准扶贫工作的督查任务，锻炼了队伍，扩大了影响力。

4. **在人才队伍建设中发挥培育和举荐作用**

学会是培育人才的大学校，是科技人才成长的摇篮。近年来，学会通过组织推荐“两院院士”候选人，实施青年人才托举工程，组织林业青年科技奖评选等活动，选拔和推荐了一批在林业科学技术领域，尤其是紧紧围绕国家科技创新重大发展战略作出系统性、创造性成就和重大贡献的领军人物，挖掘和培育了一批在新兴学科、交叉学科和小学科领域崭露头角的国家高层次科技创新人才后备队伍，搭建了不同层次、不同类型的人才交流和成长平台。2004 年，在国家取消行业部门奖励的形势下，中国林学会抢抓机遇，面向全国林业科技工作者开展梁希奖的评选工作。截至 2017 年，学会共开展近 30 次梁希奖的评选活动，总获奖数量近 2 000 人次。其中，获得了梁希奖的项目有 11 项经推荐获得了国家科学技术进步奖，有 2 项经推荐获得了国家技术发明奖，见表2。学会以奖励评选的方式挖掘优秀人才，梁希奖已经被公认为林业行业最高科技奖，为发展生态林业、民生林业，建设生态文明提供了强有力的人才保障和智力支持。

表2　梁希奖项目获国家奖项统计

序号	获梁希奖情况	项目名称	完成人	获国家科技奖励的奖种	奖励等级	授奖时间
1	第五届梁希林业科学技术奖	山核桃良种快繁关键技术及其产业化	黄坚钦	国家科技进步奖	二等奖	2015年
2	第四届梁希林业科学技术奖	高性能竹基复合材料制造技术	于文吉	国家科技进步奖	二等奖	2015年
3	第三届梁希科普奖	听伯伯讲银杏的故事	曹福亮	国家科技进步奖	二等奖	2014年
4	第四届梁希林业科学技术奖	杨树种质资源创新与利用及功能分子标记开发	苏晓华	国家科技进步奖	二等奖	2014年
5	第四届梁希林业科学技术奖	森林资源综合监测技术体系研究	鞠洪波	国家科技进步奖	二等奖	2013年
6	第三届梁希林业科学技术奖	竹木复合结构理论及应用	张齐生	国家科技进步奖	二等奖	2012年
7	第三届梁希林业科学技术奖	油茶高产新品种推广与高效栽培技术示范	陈永忠	国家科技进步奖	二等奖	2009年
8	第二届梁希林业科学技术奖	马尾松优质工业用材林持续稳定发展的机理及技术研究	丁贵杰	国家科技进步奖	二等奖	2009年
9	第二届梁希林业科学技术奖	松材线虫SCAR标记与系列分子检测技术及试剂盒研制	叶建仁	国家科技进步奖	二等奖	2008年
10	第二届梁希林业科学技术奖	松香松节油结构稳定化及深加工利用技术研究与开发	宋湛谦	国家科技进步	二等奖	2008年
11	首届梁希林业科学技术奖	农林废弃物生物降解制备低聚木糖技术	余世袁	国家技术发明	二等奖	2006年
12	首届梁希林业科学技术奖	人造板挥发物检测环境的动态精确控制技术	周玉成	国家技术发明	二等奖	2010年
13	首届梁希林业科学技术奖	重大外来侵入性害虫——美国白蛾生物防治技术研究	杨忠岐	国家科技进步奖	二等奖	2006年

5. **在林业科技成果转化中发挥优质平台作用**

促进科技成果转移转化是实施创新驱动发展战略的重要任务，是加强科技与经济紧密结合的关键环节，对于推进供给侧结构性改革，支撑经济转型升级和产业结构调整，打造经济发展新引擎具有重要意义。近年来，中国林学会聚焦各地生态建设与产业发展需求，大力实施创新助力工程，建立“会省(市)合作”“会企协作”联合工作机制，打造中国银杏节、中国杨树节、全国桉树论坛等产学研交流平台，创新学会服务站、科技示范园区等基层与科技服务方式，促进科技成果转化，助力地方生态林业、民生林业发展。中国银杏节是中国林学会搭建的一个集银杏栽培、加工、科研、经贸、文化于一体的综合交流平台，目前已经举办了4届，为推动我国银杏产业创新发展，引领银杏产业升级，弘扬银杏文化等方面作出了重要贡献。中国林学会宁波服务站在实施林业乡土专家计划，对接基层攻克生产技术难题，创新产学研合作机制等方面，发挥着助力地方竹产业发展和转型升级的作用，先后受到了中国科协、国家林业局、宁波市政府等有关单位领导的高度肯定。尤其是，在2017年4月中国科协在宁波召开的创新驱动助力工程总结经验交流会上，中国林学会宁波服务站受到时任中共中央政治局委员、国家副主席李源潮同志的肯定，成为实施创新驱动工程的全国学会典范。

6. 在林业国际合作交流中发挥桥梁和窗口作用

经济全球化、环境问题、气候变化等是当前关系人类命运的共同话题，加强国际合作交流，构建人类命运共同体，是对人类文明未来的理性思考，是突破当前困境的必由之路。近年来，学会努力加强对国际林业科技创新前沿的把握追踪，积极推动与国际林业研究组织联盟(IUFRO)、联合国粮食及农业组织(FAO)杨树委员会、世界自然保护联盟(IUCN)等国际组织的合作，与美国、加拿大、德国、芬兰等林业发达国家签订了合作协议，促进国际间的科技合作与交流，搭建国际林业合作桥梁，打开国际林业交流窗口。学会积极组织实施天然栎类资源经营等国际重大林业科研项目，组织人员参与涉林国际进程、国际公约和国际标准的制定，组织推荐我国林业科学家在国际组织任职，提高我国林业在国际上的影响力和话语权。2014年，学会联合中国台湾的中华林学会发起“两岸林业论坛”，通过论坛交流学术观点，启迪创新思想，加深两岸交流深度，扩大林业交流范围，推进两岸林业交流合作。至2017年，该论坛已经成功举办4届，成为推进两岸林业民间学术交流的长期机制性合作平台。2016年，学会与日本、韩国、澳大利亚、加拿大等多国林学会签署合作备忘录，迈出了中国林学会与世界各国林业科学家和科技工作者携手应对全球性森林问题的重要步伐。

三、结论与思考

从中国林学会的定位和功能所发挥的实践作用出发，可以为科技社团的改革给出四点启示。

（一）要走中国特色的科技社团发展道路

中国林学会诞生于国难深重之际，几经沉浮，历经磨难。中华人民共和国成立后，中国林学会春风化雨，蓬勃发展，充分发挥了学术交流主渠道、科普主力军、民间国际交流主代表、科学决策智囊团的作用，为中国的林业建设作出了突出贡献。改革开放以来，中国林学会锐意进取，开拓创新，勇于拼搏，创造了一流的业绩，赢得了广大科技工作者的广泛赞誉。没有中国共产党的领导，就没有中国林学会事业的蓬勃发展，也就没有中国林业在国际上的地位。科技社团要做到自觉接受党的领导、团结服务所联系群众、依法依章程开展工作相统一，这是中国特色社会主义群团发展道路的基本特征。在新的形势下，我们要坚持这条道路，既要坚持政治性，自觉接受党的领导，又要突出群众性，竭诚团结服务所联系群众，依法依章程，充分发挥群众自主性、积极性。

（二）要在新时代发展中找准定位

不同的时期对学会的定位有不同的要求，新时期学会定位应考虑四个维度：一是服务创新型国家目标，组织科技工作者瞄准世界前沿，加强研究攻关，努力实现前瞻性基础研究，引领性原创成果和关键共性技术、颠覆性技术的重大突破。加快实施重大科技任务，优化布局，深化改革。二是服务经济社会发展全局，组织科技力量，实施创新驱动，提供智力支持，支撑经济社会发展。三是服务科技工作者，成为科技工作者的家园、服务平台和枢纽。四是服务全民科学素质和生态文明道德素质提升。强化科教融合，面向全民提供科普教育和生态文明服务。同时，加强学会自身能力建设，提高学会权威，增强学会的实力、活力、凝聚力和吸引力。

（三）要在建设创新型国家中勇担重任

科技社团蕴藏着巨大的潜力和智慧，要吸引和激励更多人投身创新创业，让全社会的创造潜能和活力竞相迸发，汇聚全社会建设创新型国家的强大合力；要让每一位科技工作者都承担起社会责任，努力成为科学知识的传播者、科学思想的倡导者、科学方法的实践者、科学精神的弘扬者；要营造鼓励大胆探索、包容失败的宽松氛围，使创新成为全社会共同的价值追求；要大力传承老一辈科学家献身科学、报效祖国的高尚品德，激励一代又一代青年在创新的道路上勇往直前；要发挥科学共同体的自律功能，引导科技工作者明确价值取向，遵守学术规范，坚守学术诚信，维护学术尊严，努力成为良好学术风气的维护者、严谨治学的力行者、优良学术道德的传承者。

（四）要在社会治理体系中发挥社团的功能作用

每个社团都有自身的行业特点、领域特点、专业特点，在经济社会发展中都有用武之地。要对社团组织的价值理念、功能定位、工作方法等进行一系列创新，将其在政治资源、群众基础、组织网络、品牌打造、人才集聚等方面具有的独特优势与现代基层治理体系充分融合，充分发挥社会组织和志愿团队的重要作用，广泛积聚力量，参与基层社会治理，有效激发社会活力，提高基层社会治理能力。林业社团发展要在国家经济社会发展大局中找准位置，牢固树立和践行绿水青山就是金山银山的理念，深入实施以生态建设为主的林业发展战略，维护森林生态安全，保护人类赖以生存的自然环境，加快国土绿化，增进绿色惠民，加快推进林业现代化建设，为生态文明和美丽中国建设作出应有的贡献。

作者简介

陈幸良，男，1964 年 12 月出生，中共党员，农学博士，研究员，国务院特殊津贴专家。毕业于南京林业大学资源环境学院。主要研究方向为森林资源与环境、农林经济理论与政策、乡村发展、林下经济等。现任中国林学会副理事长兼秘书长，兼任中国农业经济学会常务理事、国家森林认证委员会副主任委员、IUCN 委员、CEC 委员。主要代表著作和论文：《中国森林供给问题研究》《世界重点生态工程研究》《我国生态公益林经营的政策改进》《国际林产品贸易与碳流动监测研究》《中国林业产权制度的特点、问题与改革对策》《中国森林资源与可持续发展》《集体林权改革典型区域资源动态监测与评价》《城乡二元结构与新农村发展研究》《现代林木生物技术育种的战略性研究与成果转化机制》等。

关于着力提高人工林的森林质量问题
——论人工林质量提升*

盛炜彤

2016 年初，习近平总书记在主持召开中央财经领导小组第十二次会议发表重要讲话时强调，森林关系国家生态安全。他提出了四个要着力做好的工作，其中第二个就是要着力提高森林质量。习近平总书记提出的当前林业要着力抓好的工作都是很有针对性的。关于提高森林质量的相关研究，虽然已经得到国家林业局的重视，但林业工作是长周期的，而且森林质量问题在我国森林管理中长期存在，因此需要持之以恒地下大力气抓紧抓好，这是今后林业工作的重心所在。我曾花费较长时间研究过人工林，因此，在今天这个会上，就如何着力提高人工林质量这些问题，谈些意见供大家讨论。

一、我国人工林森林资源的概况

第八次全国森林资源清查结果显示：人工林面积为 6 933 万 hm^2，占全国林地面积的 36%；人工林蓄积量为 24.83 亿 m^3，占全国森林蓄积量的 17%；人工林中，乔木林面积为 4 707 万 hm^2，占人工林总面积的 68%；人工乔木林按优势树种(组)

* 2017 年 5 月第五届中国林业学术大会森林培育分会场上的特邀报告。

分，面积比例排名前十位的为杉木等 10 个树种，总面积为 3 439 万 hm^2，占人工乔木林面积的 73%，蓄积量合计为 18.52 亿 m^3，占人工乔木林蓄积量的 75%。

森林质量关系着多个方面，这里我就针对最主要的质量问题，即生产力问题，作些反映。

我国人工林不仅每公顷蓄积量低。年生长量也很低。按第八次全国森林资源数据来看，我国森林每公顷蓄积量为 89.79 m^3，其中天然林为 104.62 m^3、人工林为 52.76 m^3，人工林蓄积量低于天然林。主要优势树种中，杉木每公顷蓄积量为 69.8 m^3，落叶松每公顷蓄积量为 58.6 m^3，马尾松每公顷蓄积量为 56.2 m^3。上述 3 个树种均为我国人工林的主要树种，是很有代表性的。

关于生长量，我用第七次全国森林资源清查数据中龄林与近熟林的数据做了统计，杉木每公顷生长量为4.2 ~5.2 m^3，马尾松每公顷生长量为 1.8 ~3.2 m^3，柏木每公顷生长量为 3.2 ~3.4 m^3，3 个树种的年生长量都很低。上述年生长量数据均是大面积上的数据，但我国重点或示范性、试验性的小面积人工林生长量却不低，有的还很高。从我国制定的速生丰产林标准看：杉木在中亚热带的年生长量要求达到 7.0 m^3，在南北亚热带要求达到 6.0 m^3；马尾松与杉木接近；落叶松为 5.0 ~ 6.0 m^3。从小面积丰产林看，杉木的每公顷年生长量可达到 9.0 ~10.5 m^3，马尾松的每公顷年生长量为 10 ~13.5 m^3，日本落叶松的每公顷年生长量为 9.0 ~10.5 m^3，长白落叶松的每公顷年生长量为 7.5 ~9.0 m^3。实际上，小面积上的这些树种的年生长量还有更高的。从这些数字可以看出，我国人工林生产力小面积上的高，但大面积上的低。其中原因，很值得我们认真研究。

二、我国人工林森林质量不高的原因

（一）人工林培育中，科学而集约的经营技术措施未能落实

在“七五”“八五”期间，我国根据速生丰产林营建中存在的关键技术问题组织了攻关，提出了科学而集约的育林技术措施，即 5 个控制（立地控制、遗传控制、密度控制、地力控制和植被控制）和 1 个优化育林体系。这 5 个控制和 1 个优化育林体系在实践中是有效的，但在大面积上未得实际应用。特别是立地控制，迄今为止，大多经营人工林的单位未能将立地分类和立地评价应用于人工林的栽培管理中，既没有做到适地适树，也没有按立地的要求制定科学的培育目标。例如我国南方地区造林，不少地区小班面积很大，有的大到二三百亩。小班不是按立地类型划分的，而是按地形条件划分的，从山脚到山顶，一个坡度面只种一个树种。而这些坡面小班树种，如杉木、马尾松，可涉及多种立地类型（通常为 4 ~5 个）和多个地位指数（如从 12 地位指数到 18 地位指数）。因立地条件多样、自然生长差别也很大，但用同一个目标、一样的措施经营，是很粗放的。关键是整个小班生产力达不到丰产林要求。这是我国人工林生产力不高的最主要原因。其他措施如密度控制、地力控制与植被控制也落实得不好。如一些地方林分抚育不及时，或不抚育，林分密度大，这严重影响了人工林的生长。

（二）人工林建设中，森林植被与树种合理规划缺失

在我国建立大片用材林基地规划中，相关政策未能处理好环境与发展、人工林与天然林、针叶林与阔叶林、纯林与混交林、乡土树种与外来树种的关系，未能制定出相应的科学而合理的植被管理要求。人工林片面发展状况严重，使上述五个方面在区域上比例失调。第七次森林资源清查结果显示：东部地区人工林面积是天然

林面积的 1.4 倍，中部地区人工林面积是天然林面积的 0.74 倍，而且人工林是在毁坏天然植被的基础上营建的。如：福建省人工林面积是全省森林面积的 46%；广东省人工林面积是全省森林面积的 58%；江西省分宜县有林地区面积为 5.61 万 hm^2，人工林却占了 68%；贵州省黎平县人工林面积占全省森林面积的 58.9%。我国从暖温带到热带地区，天然的森林类型多为混交林，并以阔叶林为主，人工林大面积发展导致区域森林植被类型与树种结构的剧烈变化，会给区域森林的稳定和质量带来不利影响。大面积地采伐天然阔叶林，栽培人工林，特别是人工纯林，在德国森林经营历史上有过深刻的教训。19 世纪后半叶，德国的广袤土地变得衰退，这时德国开展了以云杉、松树为主要树种的造林活动。森林的纯林化与针叶化严重，造成了大自然的报复和针叶人工林的灾害频发。19 世纪末 20 世纪初，灾害规模达到惊人的程度，害虫泛滥、真菌引起的病腐、雪折、风倒等灾害均属空前。因此，德国提出近自然林业和生态林业的思想并不是偶然的。

（三）人工林针叶化与纯林化

从已有的研究来看，我国的针叶林和纯林，也是引起人工林不稳定的重要因素。针叶人工林的枯枝落叶分解慢，养分释放慢，而纯林对自然灾害与病虫害的抵抗能力低，尤其是针叶纯林。如杉木人工林、落叶松人工林地力衰退严重，又如马尾松人工林长期遭受松毛虫的危害。按第八次全国森林资源清查统计，人工林中，纯林占 85%，混交林占 15%。人工林中的纯林比例高于天然林 34 百分点。

我国人工林针叶化明显，如人工乔木林 10 个主要优势树种中，针叶林的比例达 56.9%。我对亚热带 7 个省做了统计，人工阔叶林的比例为 1.7% ~23.9%，平均起来大体为 12%，作为亚热带林区的阔叶人工林，这个比例太低了。我们的大量研究证明，针叶林生态效益和维护地力的能力远不如阔叶林强。关于纯林，由于森林结构单一，生物多样性低，缺乏稳定性。有一本名叫《欧洲人工林培育》的书，在“人工林长期生产力”一节的结论中写道，关于与单作相联系的生物学上稳定性和潜在问题，仍然有待深入研究，在某些状况下，存在土壤退化和被病虫攻击而损失生产力的现象。针叶化与纯林化对提高人工林质量均不利。

（四）人工林的连作

我国通过大量调查研究发现，连作会导致地力退化和林木生长量下降。有关杉木人工林、桉树人工林、落叶松人工林的相关研究已比较深入，研究证明连作明显引起土壤肥力退化和林木生长量的下降。据调查，杉木因栽培历史悠久，连作面积较大，连作可达 3 代；桉树人工林连作代数可达 4 代；落叶松人工林已调查的数据是连作 2 代。

（五）人工林成林后缺乏科学管理

从造林到成林采伐，在人工林整个生长发育过程中，需要将其系统地划分成不同的林分，按培养目标和设计要求由林班小班管理，使培育措施落实到位。但实际上我国的森林管理还是一个薄弱环节，因此成林后的管理常常在立地控制、密度控制和地力控制方面不到位，严重影响林分质量和生长。

三、如何提高人工林质量

（一）推进科学造林与集约育林

为提高人工林质量，我们需要将人工林的育林体系——5 个控制和 1 个优化模式作为推进科学造林与集约育林的核心技术加以推广，要在人工造林的规划设计中加以落实。在5个控制中，立地控制是基础，要在选择好立地的基础上，提出人工林的培育目标，并根据培育目标在整个人工林培育周期中，按照设计要求贯彻育林体系。如：培育杉木、马尾松、落叶松等速生丰产林时，要选择好的立地条件，地位指数应大于等于14；培育大径材人工林时，要求地位指数在18以上；培育丰产林和大径材人工林时，还应按地位指数要求，提出不同生长阶段的培育措施。

（二）做好规划和顶层设计

在每一个丰产林基地中，都应按已有森林类型和树种组成情况、基地生态和环境状况、森林资源发展要求，设计人工与天然植被、针叶林与阔叶林、纯林与混交林、乡土树种与外来树种的比例关系，避免基地森林植被片面发展。在已经建设人工林而存在片面发展的基地，应在森林经营编制森林经营方案时，对树种比例加以逐步调整。在基地发展人工林时，不仅要在林分水平上贯彻近自然林业理念，而且要在区域和基地上贯彻这个理念。

关于发展混交林，不仅要在人工林造林中发展混交林，也要在森林经营中充分利用人工林中天然更新的阔叶树，尤其是其中的珍贵树种，引导抚育形成混交林。还应当通过改造在一些达不到丰产林要求的针叶人工林下种植耐阴的阔叶树，特别是珍贵阔叶树，以形成混交林。如福建一些地方将一些杉木人工林采伐后，种植楠木以形成楠木与杉木萌生树的混交林，长成后形成以楠木为优势树种的高质量森林。

要培育好次生林，在次生林中，阔叶树多，珍贵树种也多，对其加强抚育，以形成更有质量、更有价值的森林，并使基地森林植被向良性方向发展，使整个基地人工植被向近自然林业方向发展。

（三）发展多树种造林

我国以往发展人工林时，造林树种的选择存在局限性。中国树种资源极其丰富，但应用于造林的少，这不仅对丰富我国森林类型的多样性不利，也影响我国培育树种的结构，使许多珍贵树种得不到发展。发展多树种，尤其要发展阔叶树，以逐步扭转我国人工林针叶化的局面。同时也要发展混交林，以提高森林的质量和生产力。通过发展多树种造林，不仅能丰富我国造林树种，更能促进人工林森林类型的多样化，解决我国木材供应的结构性矛盾。

发展多树种造林，尤其要发展阔叶林造林，可以通过下面 4 条途径加以发展：①与我国发展珍贵树种造林结合起来，发展人工造林可以得到重视；②与四旁绿化结合起来，四旁特别是农村的四旁非规划性地较多，可利用的空隙地也多，而且环境好，发展阔叶树造林，特别是珍贵阔叶树造林，可以提高绿化质量，容易得到重视；③对低质量的或成熟的针叶人工林，进行近自然的改造，阔叶树特别是珍贵阔叶树大有发展余地；④对针叶林中天然更新的阔叶树（实生的或萌生的）加以抚育，使其成为混交林，此种林分在杉木林、马尾松林、落叶松林是不少的，很有利用价值。

（四）加强森林经营管理

目前，国家林业局已经制定了加强森林经营的方案，要求森林经营单位，如林场、苗圃、森林公园等，编制森林经营方案，将森林管理落实到山头地块、林班小班，并按森林经营目标加以管理。通过森林经营方案的制订和实施，不仅使森林经营目标得以实现，而且提高了森林经营强度和森林质量。

要提高人工林森林质量，上面提出的只是一些技术性的措施。实际上，还有政策、行政、法规等方面的措施。单从技术方面看，上述这些也还不一定全面。总之，提高人工林森林质量涉及诸多方面，要综合地从各方面努力，才能实现。

作者简介

盛炜彤，男，1933年11月出生，江苏省海门市人，森林培育学家，杉木栽培专家，中国林业科学研究院首席科学家、研究员，《林业科学研究》主编。长期从事森林培育和森林生态方面的研究工作，对林型、森林采伐更新、次生林抚育改造等方向进行过系统调查和研究；努力开拓人工林的研究与实践，在人工林立地分类、评价与适地适树、杉木人工林栽培模式、人工林地力衰退与防治技术等方面作出了积极贡献。

会同杉木林生态系统水文过程定位研究*

田大伦

习近平总书记指出："绿水青山就是金山银山"。我国山区占国土面积近 70%，林业是实现绿水青山就是金山银山的主战场。党的十八大以来，林业部门认真学习贯彻习近平总书记系列重要讲话精神和治国理政新理念、新思想、新战略，在推进生态文明建设过程中，启动实施国家储备林工程，取得了"一石多鸟"的积极成效，走出了一条绿水青山就是金山银山的实践之路。"森林与水"包含在"绿水青山"之中，了解森林生态系统对水源的涵养和对水文过程的调节，即是对"青山"和"绿水"之间关系最好的诠释。

一、问题提出的背景和研究目的

（一）森林与水的关系

由于人类活动改变了土地的利用格局，陆地生态系统的功能过程特别是水文过程也被改变。同时，不合理的水资源利用和污染物排放导致水少、水脏、水毒、水灾等水的安全问题频发。森林水文过程包括降水输入、林冠截流、穿透水与树干茎

* 2017 年 12 月第二届全国杉木学术研讨会上的特邀报告。

流、蒸散发、地表径流和地下径流。水与养分循环和能量流动的相互作用，是生态系统的重要功能过程。森林生态系统通过林冠截流对降水的再分配，地表枯枝落叶和土壤的吸收、渗透，林木的蒸腾，以及水量的流动进行调节，因此森林生态系统具有涵养水源、净化水质等生态系统服务功能。

（二）杉木林的地位和作用

随着我国经济建设的快速发展，国内对木材的总需求量较多，自从我国实施天然林保护等生态工程以来，解决木材需求问题除了从国外进口，其关键措施还是要提高我国人工林经营水平和森林生产力。杉木(*Cunninghamia lanceolata*)是我国南方特有的优良速生用材树种，在我国商品用材中占有重要地位。杉木人工林经营对水文过程和养分循环会产生怎样的影响？如何实现人工林可持续经营？是要解决的科学问题。

二、研究区概况和定位研究方法

（一）研究区地理位置

研究区位于湖南省西南边陲的会同县广坪镇境内，距省会长沙市 480 km，属中亚热带气候区，为云贵高原向长江中下游过渡的地带。

（二）野外定位观测和研究方法

采用小集水区径流场封闭观测技术，利用天然山脊外线作为地表水分水线，即将小集水区作为一个生态系统来控制系统的物质输入与输出，见图 1。

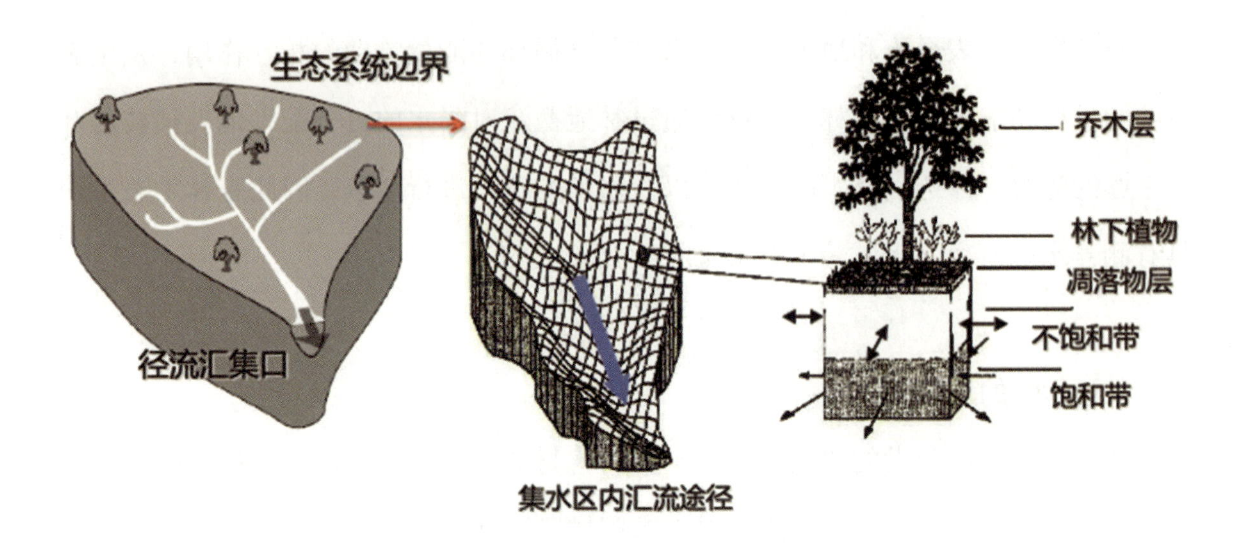

图 1　小集水区径流场封闭观测技术示意图

（三）会同生态站集水区的分布格局

生态站内设 8 个试验小集水区，按照不同龄级及人工管理模式进行划分，见图 2。

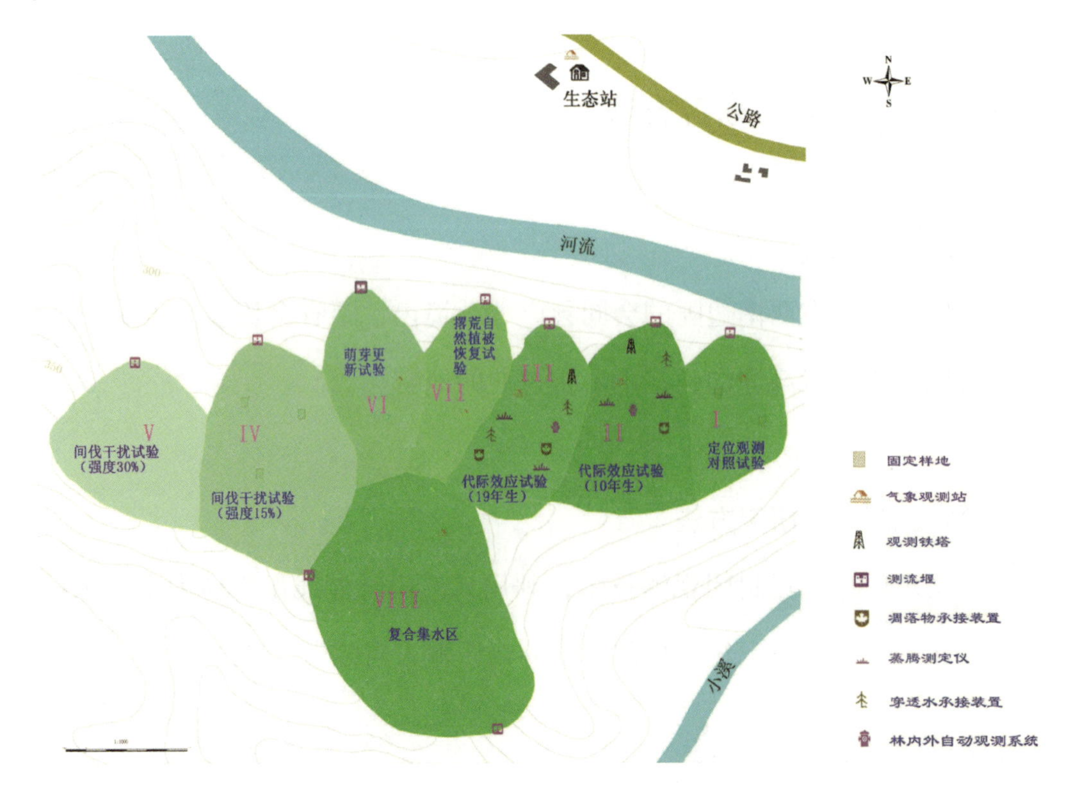

图 2　会同杉木林生态站集水区分布示意图

在集水区样地中设置了全套水文监测设备，其中包括地表径流、地下径流测流堰，配合水位高用 SW40 型日记水位计测定地表水、地下水的径流量，见图 3(a)；采用聚乙烯塑料管蛇形缠绕于树干上测定树干茎流，见图 3(b)；在山洼、山麓、山坡 3 个部位分别设置穿透水接收装置，见图 3(c)。

(a)　(b)　(c)

图 3　集水区水文监测设备示意图

三、杉木林水文过程的变化特征

（一）会同杉木林区降水特征

以 24 年内的水文过程变化(图 4)为例：24 年间的年均降水量在 931.5 ~ 1 724.0 mm之间，年降水量均值为 1 287.2 mm，年际降水格局相对稳定；该集水区降水量分布均匀，空间湿度大，有利于杉木林的生长。

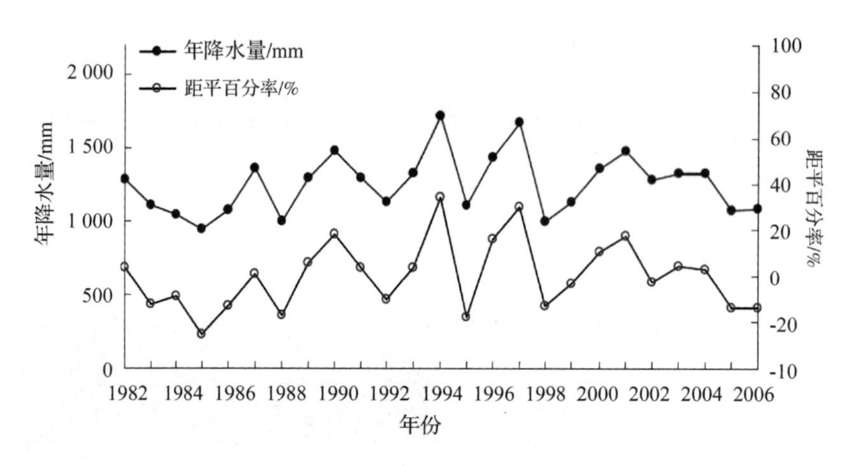

图 4　年降水量与降水距平百分率

从月间变化(图 5)来看，24 年内的月均降水离散度大，集中分布于 4—8 月，7 月最大且为强降水；旱季降水变异系数较小。

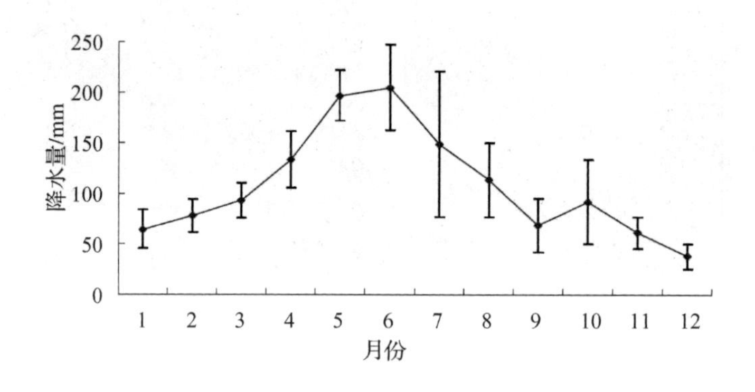

图 5　月均降水量变化趋势

（二）会同杉木林林冠截留特征

杉木林林冠对一次性降水的截留能力表现为：一次性降水小于 0. 5 mm 时，截留率为 98% 以上；林冠截留量最大值为 7 ~ 12 mm。林冠截留的季节变化情况表明：林冠截留能力主要由降水性质决定，降水量大的月份，林内穿透水量大，林冠截留量也大，但截留率却小，见图 6。随着林龄增大，林冠截留能力增强，杉木人工第Ⅱ、Ⅲ、Ⅳ、Ⅴ 龄级的年平均林冠截留率分别为 25. 7% 、28. 6% 、30. 1% 和 32. 9% 。通过逐步回归分析，林冠截留量与降水量之间用指数关系方程拟合效果最好。

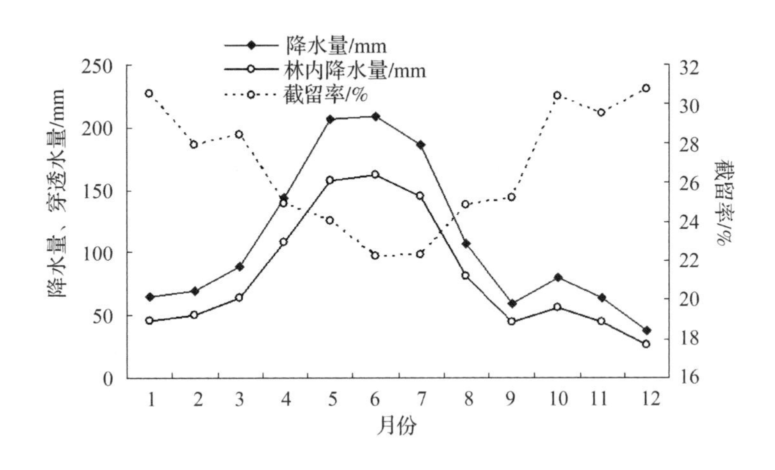

图6 杉木人工林林冠截留月变化情况

（三）会同不同龄级杉木林蒸发散量的年变化特征

由表1可知：24年内的年蒸发散量为900.6～1 034.7 mm，占年均降水量的69%，是杉木林生态系统中水分输出的主要形式。年蒸散率变化趋势与林分龄级增长状况呈正相关，且到第Ⅴ龄级时达到最大值，蒸散率为0.841。蒸发散量季节变化规律表现为：在秋冬季，林木生长速度开始下降，蒸腾作用微弱，蒸发散量较小；在春夏季，水热充足，林木生长加快，蒸散作用逐步增强，蒸发散量较大。

表1 不同龄级杉木林降水量和蒸发散量变化特征

月份	Ⅰ龄级变化特征（1988—1992年）			Ⅱ龄级变化特征（1993—1997年）			Ⅲ龄级变化特征（1998—2002年）			Ⅳ龄级变化特征（2003—2006年）			Ⅴ龄级变化特征（1984—1987年）		
	降水量/mm	蒸发散量/mm	比值/%	降水量/mm	蒸发散量/mm	比值/%	降水量/mm	蒸发散量/mm	比值/%	降水量/mm	蒸发散量/mm	比值/%	降水量/mm	蒸发散量/mm	比值/%
1月	91.3	30.9	33.9	57.1	39.0	68.3	59.6	29.3	49.2	68.8	28.8	41.8	37.4	27.7	74.1
2月	82.6	34.5	41.8	82.1	42.3	51.5	57.1	35.8	62.7	93.5	32.2	34.4	57.4	26.8	46.8
3月	122.8	47.9	39.0	101.4	56.7	55.9	92.9	56.3	60.6	89.1	52.6	59.1	66.0	41.0	62.1
4月	121.9	66.4	54.5	132.6	81.3	61.3	141.1	79.9	56.7	160.4	104.5	65.1	101.8	74.1	72.7
5月	178.3	101.2	56.8	178.5	116.9	65.5	245.5	111.0	45.2	163.1	104.5	64.1	226.8	93.5	41.2
6月	198.4	103.5	52.2	175.7	119.5	68. 0	251.0	117.1	46.7	202.6	111.5	55.0	167.2	116.8	69.8

续表

月份	Ⅰ龄级变化特征（1988—1992 年）			Ⅱ龄级变化特征（1993—1997 年）			Ⅲ龄级变化特征（1998—2002 年）			Ⅳ龄级变化特征（2003—2006 年）			Ⅴ龄级变化特征（1984—1987 年）		
	降水量/mm	蒸发散量/mm	比值/%	降水量/mm	蒸发散量/mm	比值/%	降水量/mm	蒸发散量/mm	比值/%	降水量/mm	蒸发散量/mm	比值/%	降水量/mm	蒸发散量/mm	比值/%
7 月	88.6	129.9	146.7	276.7	140.4	50.7	143.5	152.9	106.6	158.9	141.3	89.0	117.8	146.5	124.4
8 月	159.6	139.0	87.1	94.1	160.8	170.8	131.5	150.4	114.4	104.1	144.6	138.9	92.0	145.6	158.2
9 月	90.3	107.6	119.1	90.7	118.3	130.4	49.1	116.6	237.7	38.0	110.2	290.2	52.3	114.4	218.6
10 月	85.7	61.6	71.8	147.0	68.9	46.9	100.0	71.8	71.8	31.4	80.2	255.4	84.5	66.7	78.9
11 月	42.4	45.2	106.5	67.7	51.0	75.4	57.0	53.6	94.1	55.2	50.4	91.4	76.6	42.1	54.9
12 月	40.9	32.9	80.3	43.9	39.6	90.2	31.3	36.4	116.2	39.8	39.4	99.1	26.2	34.8	133.1
合计	1 302.9	900.6	69.1	1 447.4	1 034.7	71.5	1 359.6	1 011.3	74.4	1 204.8	1 000.2	83.0	1 106.1	929.8	84.1

注：比值为散发蒸量/降水量的比值。

（四）会同杉木林地表径流和地下径流的年际变化特征

1. 地表径流的年际变化特征

地表径流的年际变化特征（图 7）为：年地表径流量与降水量呈正相关；杉木人工林的经营（如幼林抚育）对地表径流产生影响，与地表径流系数的变化趋势呈负相关。在幼林抚育结束（1990 年）后，地表径流逐渐增大；同时，林分特征（如郁闭度、林地生物量、林分郁闭度等）的变化与地表径流变化趋势呈负相关，如第Ⅳ龄级因郁闭度增强，地表径流随之减少。

2. 地下径流的年际变化特征

地下径流量年际变化特征（图 7）表现为：年地下径流与降水量变化趋势相同。随着林分龄级的增长，杉木人工林生态系统对径流量的调节能力增强，伴随林分郁闭度的增加，对水分拦截能力也增强，从而引起年地下径流量减少；杉木人工林林分发育早期的林分截留量和蒸腾量小，但入渗率大，因此地下径流增加，而成熟林的变化情况则相反。

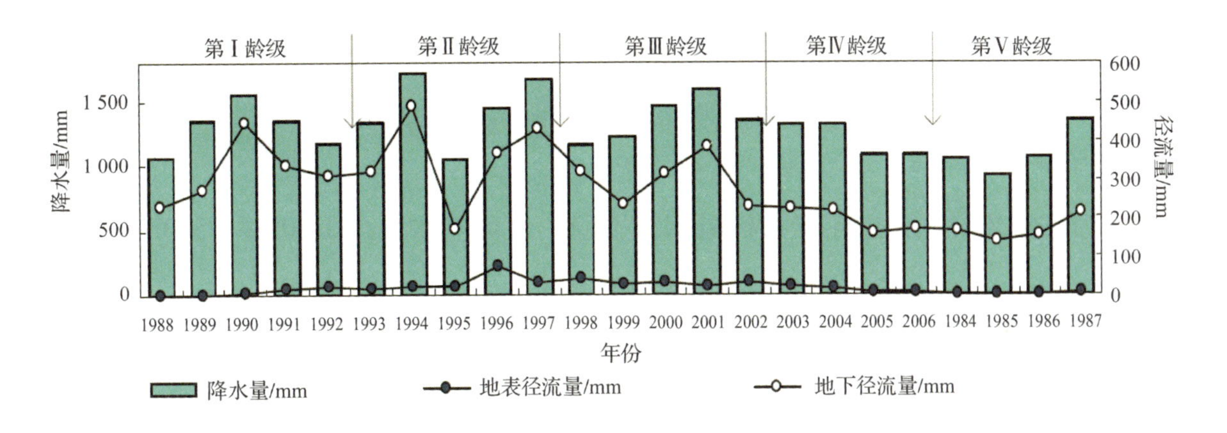

图 7　不同龄级杉木人工林年地表径流量、地下流量的变化情况

（五）会同杉木林地表径流和地下径流的月变化特征

林内径流量与林分特征和降水分布密切相关，因此，无论是地表径流还是地下径流，均在降水相对集中的月份(4—8 月)出现较高的数值。4—8 月的降水量可占年总降水量的 62.6%，而此期间的径流量占年总径流量的 71.7%。随着林龄的增加，各月地表径流系数均从Ⅱ龄级开始增加，到Ⅳ龄级后下降，而各月的地下径流系数则从Ⅰ龄级开始一直呈下降趋势，见图 8。

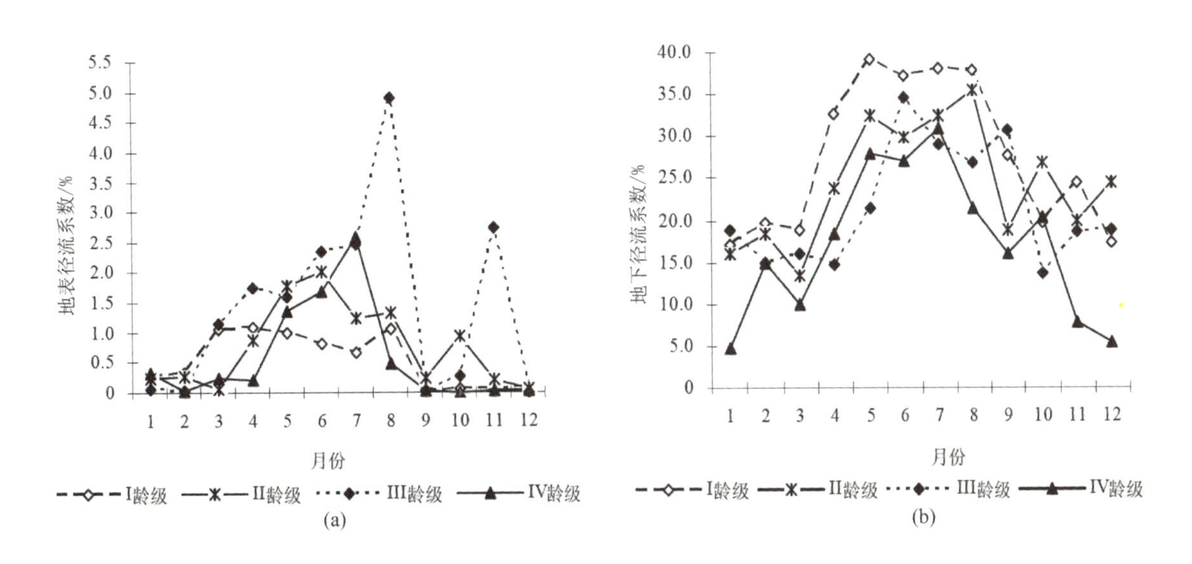

图 8　同龄级杉木人工林月径流系数变化

四、主要研究结论和展望

（一）主要研究结论

（1）在杉木林区内的年降水格局相对平稳，年均降水量为 1 000 ~ 1 500 mm，年内林地降水变化不大，有利于杉木人工林的生长。

（2）径流输出以地下径流为主，占总径流量的 90% 以上，与降水量呈正相关，且随着林分年龄的增长而下降。

（3）杉木林集水区的水分再分配方式由降水特征、集水区土壤特性、林分作用共同决定，且这种水分再分配方式利于杉木人工林的生长发育。

（4）集水区蒸发散量年变化趋势与林分增长呈正相关，V 龄级达最大；同一集水区不同高度，林分的蒸散力自上而下递减；不同集水区内，生长状况好的林分蒸散力强。

（二）研究展望

（1）杉木人工林具有调节水文和保持土壤的功能，造林过程中合理整地、促进林分的郁闭等经营措施能提高杉木林的水文功能。

（2）今后应进行不同造林措施（采伐剩余物、炼山、整地）对水文过程影响的对比实验，研究林分经营对径流、养分输出等方面的影响。

（3）运用机理和分布式模型，模拟杉木林生态系统水文过程，为杉木林经营进行不同管理的情景设计，预测响应结果，确定合理的经营措施，实现可持续经营。

报告人简介：

田大伦，女，1939 年 7 月出生，汉族，中南林业科技大学教授、博士生导师。

曾任第八届湖南省人大代表，第九届和第十届全国人大代表，南方林业生态应用技术国家工程实验室主任，湖南会同杉木林生态系统国家野外科学观测研究站站长，中国林学会理事。长期从事野外科学研究工作，在森林生态系统结构、功能和定位方面的研究取得了显著性成就。主持完成国家科技部、国家自然科学基金、国家林业和草原局、省级重大重点项目共70余项；出版《杉木林生态系统学》等专著10部；发表科研论文300余篇。

鹅掌楸属种间杂交育种主要成就、经验与体会
——55 年杂交育种历程回顾*

王章荣

一、鹅掌楸属种间杂交育种研究历程与回顾

（一）立题选题

1. 鹅掌楸属的分类与地位

木兰科(Magnoliaceae)鹅掌楸属(*Liriodendron*)，现存两个种，一个是分布在中国的马褂木(鹅掌楸)[*Liriodendron chinense* (Hemsl.) Sarg.]，另一个是分布在北美洲的北美鹅掌楸(*Liriodendron tulipifera* Linn.)。分布在我国的马褂木为我国特有的珍稀植物，也是濒危树种之一；分布于北美洲的北美鹅掌楸是组成当地森林的广布种。该属现残存的马褂木和北美鹅掌楸成为东亚—北美洲际间断分布的姊妹树种典型实例，对古植物系统学的科学研究有重要价值。马褂木(鹅掌楸)和北美鹅掌楸都是长寿、高大、干形通直的乔木树种，在森林培育和园林绿化中有着广泛的应用价值。因此，开展鹅掌楸属种间杂交育种对于缓解马褂木濒危，促进树种进化，保护树种基因资源，为林业生产与城市绿化选育新树种(新品种)都有重要意义与实用价值。

---

* 2018 年 10 月第四届中国珍贵树种学术研讨会上的特邀报告。

2. **鹅掌楸属树种的分布**

马褂木分布于我国长江流域各省(自治区、直辖市)，水平分布于北纬22°~33°、东经103°~120°之间，垂直分布于海拔700~1 900 m的山区。

马褂木分布范围广，但分布特点已发展成岛状星散分布形式。其种群规模小，正在被分割、孤立和隔离，基因流动受阻，遗传多样性降低；传粉授粉条件差，有胚饱满种子比例很低；天然更新的条件也极差，因而处于濒危状态。

北美鹅掌楸分布于美国的整个东部，北起新英格兰州南部，西经密歇根州南部，南至路易斯安那州，然后向东分布到佛罗里达州的中北部。北美鹅掌楸在俄亥俄河流域和北卡罗来纳州、田纳西州、肯塔基州与弗吉尼亚州西部山区一带生长量最大。其中75%的资源集中分布于阿拉巴契亚山区和宾夕法尼亚州至佐治亚州之间的地区，水平分布范围在北纬27°~42°、西经77°~94°之间，垂直分布于海拔300 m以下，在阿巴拉契亚山脉南部可分布到海拔1 370 m。加拿大的安大略省也有北美鹅掌楸分布。

（二）研究历程

55年的鹅掌楸属种间杂交育种研究历程，大体分为4个阶段：

(1)杂交可配性与杂交技术掌握阶段；

(2)杂种区域试种及其生长与适应性测验阶段；

(3)杂种优势揭示与快繁技术突破阶段；

(4)产学研结合规模化推广阶段。

二、杂交育种关键技术

（一）杂交授粉技术

叶培忠教授于1963年5月首次开展了鹅掌楸属种间杂交试验，当年10月采收杂交种子，次年春天将种子播种在花盆内，获得了少数杂交苗木。1965 年，他又重复了该项试验，获得了更多杂交种子，并且获得的有胚种子比例也有提高。杂交试验结果表明，鹅掌楸属种间杂交具有良好的可配性和亲和力，该项杂交试验是有可能获得成功的。

但要获得杂交成功，首先必须了解开花习性、花部结构，掌握杂交授粉的可授期。还要掌握花粉技术，包括花粉发芽率测定、花粉贮藏等。进行测定试验需要采集树冠中、上部有含苞待放花朵的花枝，带回室内培养。待花朵开放、花药裂开，直接摄取带花粉的花丝，装入小玻璃瓶内待用。花粉生命力维持时间很短，要求及时收集，及时授粉，最好 2 d 内授完，一般不超过 5 d。

鹅掌楸属树种授粉 2 h 后，花粉开始萌发，6 h 时萌发率达到最高。授粉后5~6 d，花粉管穿过花柱沟、珠孔塞、珠心冠原组织进入胚囊，从传粉到双受精的整个生长过程需 5 ~6 d。6 d 左右，发生珠孔受精；15 d 可见到休眠合子；35 d 后，观察到球形胚；90 d 出现子叶胚。约 145 d，种胚完全分化。授粉后约 5 个月，种子成熟。

本研究根据鹅掌楸树种雌蕊先熟的特点，拨开花朵即将要张开的花被片，去雄后直接授粉，采用免套袋杂交简便杂交技术。

（二）杂种优势表现观测与机理揭示

1. 杂种优势表现

关于杂交马褂木幼龄期生长表现的最早报道见于 1973 年第 12 期的《林业科技通讯》。我国已故的著名林木遗传育种学家叶培忠教授领导的前南京林产工业学院的林学系育种组，于 1963 年和 1965 年开展了两次中国马褂木与北美鹅掌楸的正反交，利用该批杂种材料以中国马褂木(母本)作为对照，从 1966 年开始历时 4 年的观察，得到了世界首例有关杂交马褂木生长表现的报道，发现杂种无论是树高生长还是径粗生长均表现出了较显著的杂种优势，见表1。同时，该育种组还观察到南京地区到了9月中旬左右，中国马褂木已开始大量落叶，全树1/5～1/3的树叶已变黄色；但杂种植株此时无落叶现象，全树均为翠绿色，杂种表现出比中国马褂木生长期延长的特点。

表1　杂交马褂木苗高和地径生长与母本的比较

年份	高生长/cm					径生长/cm				
	杂交马褂木		马褂木		优势率/%	杂交马褂木		马褂木		优势率/%
	均值	变幅	均值	变幅		均值	变幅	均值	变幅	
1966	41.2	25.0～58.5	22.5	6.5～46.4	83.4	1.02	0.7～1.3	0.77	0.3～1.4	32.4
1967	56.3	33.5～75.5	34.9	19.8～55.3	66.7	1.12	0.15～1.7	1.03	0.7～1.4	8.7
1968	130.1	75.0～165.0	75.5	30.0～128.0	72.3	2.32	1.2～3.1	2.06	1.3～2.6	12.6
1969	177.4	111.0～231.0	125.3	50.0～170.0	42.3	29.8	2.4～42.0	26.2	1.6～35	13.7

注：优势率＝(杂交马褂木－马褂木)/马褂木×100%。(引自南京林产工业学院林学系育种组，1973)

王章荣对南京林业大学本部树木园的鹅掌楸属种间杂种与亲本对比试验林中的20年生测定林生长表现也作了报道，见表2。

表2　20年生杂交马褂木生长优势的表现

性状	杂种	马褂木	北美鹅掌楸	杂种优势度/%
树高/m	19.17	15.52	16.22	20.79
胸径/cm	25.0	13.56	16.77	69.59
材积/m^3	0.460	0.107	0.170	232.13

上表数据表明，20年生的杂种树高生长优势率达20.79%，胸径生长优势率达69.59%，材积优势率则达到232.13%。表2中的杂种优势率是以中亲值为对照得出的结果，如以中国马褂木杂交母本作为对照则优势率更大。这里有一点需要说明，本次参试的北美鹅掌楸是自交的后代，存在自交衰退现象。同时，杂种生长旺盛，造成后期中国马褂木和北美鹅掌楸亲本树种被挤压，存在一定程度的竞争效应，对

试验结果会带来一定误差。但是杂种生长优势的显著性是毋庸置疑的。此外也提示试验人员在今后安排杂交马褂木对比测定林时，应适当增大长期观测试验林株行距；同时，参试验材料应采用北美鹅掌楸自由授粉种子后代。

2. **杂种优势机理揭示**

研究表明，鹅掌楸属种间杂种与亲本树种相比，杂种植株发叶早、落叶迟，生长期延长；同时叶面积增加、抗逆性增强，这是杂种具有生长优势和适应性优势的重要原因。同时，研究表明，杂种内源植物激素水平较高，也是杂种具有生长优势的原因之一。杂种酶活力、保护酶系统水平与抗逆性优势也有一定关系。

三、繁殖技术

（一）嫁接繁殖

杂交马褂木嫁接繁殖一般用马褂木作为砧木，嫁接繁殖容易。枝接中可用劈接、切接；芽接中采用丁字形芽接等。我们在实践中多采用单芽贴接的芽接方法，效果很好。

（二）扦插繁殖

杂交马褂木扦插繁殖有一定难度，需要建立采穗圃、扦插圃，穗条采集须注意母株的年龄效应和位置效应。在自动喷雾装置条件下扦插，杂交马褂木成活率较高。杂交马褂木无性系之间扦插成活率有明显差异，有些无性系扦插成活率能达到90%以上。

（三）试管苗繁殖

林木体细胞胚胎发生技术由于其效率高、速度快、具有两极性和在培养过程中不需要另外诱导生根等特点，成为木本植物优良材料快速无性繁殖的重要手段。在鹅掌楸属种间杂交育种研究中，我们拥有一批优良杂交组合。利用优良杂交组合制种的未成熟胚作为外植体，建立了体细胞发生再生植株培育体系，实现了杂交马褂木种苗木培育的规模化、产业化。

四、杂交马褂木的优势与推广工作

（一）杂交马褂木的特性优点与推广优势

首先，杂交马褂木观赏性好，适应性强；病虫害少，抗逆性强；生长快，用途广；繁育方法多样，繁殖技术先进。

同时，杂交马褂木还是一个优良的多功能、多用途树种，可以用于培育工业用材林、营造生态林、加强城乡园林绿化。而且，它是一种有待进一步开发的药物原料树种。

（二）校企合作，产学研结合，建立推广典型

(1)2006 年，南京林业大学与湖北京山天德林业发展有限公司建立了校企合作关系，打造了产学研基地。截至 2015 年底，湖北京山天德林业发展有限公司在京山县丘陵山区已营造了 333.3 hm^2 亚美马褂木工业人工林。这片林木生长旺盛，树干通直圆满，胸径年平均生长量为 1.5～2.0 cm，树高年平均生长量为 1.5～2.0 m，结果表明亚美马褂木是丘陵山地造林的优良树种。校企之间的紧密合作，长期坚持，取得显著成效，促进了亚美马褂木的产业化发展，也为公司带来了可观的效益，这在探索校企协作模式上迈出了可喜的一步。

(2)南京林业大学与山东润昌园林科技公司协作，向北京、山东、河北等北方

省份(自治区、直辖市)推广园林绿化用的杂交马褂木大苗约 10 万余株。

(3)南京林业大学与福建金森林业股份有限公司等单位合作，发展杂交马褂木体胚苗培育，实现规模化生产，现已推广杂交马褂木体胚苗造林 100 多万株。

(三) 亚美马褂木栽培中应注意的问题

(1)造林用苗必须是真正的亚美马褂木，避免误用中国马褂木。

(2)造林地段选择上应注意避免积水地段，选排水良好、土层较深厚的地段。

(3)造林密度不宜过大，2 m×3 m~3 m×3 m 为宜，并随着树龄增长及时间伐调整。

(4)幼龄期 1 ~2 年需加强抚育管护，防止藤本植物上树及杂木灌丛压抑危害。

五、亚美马褂木的由来与命名

长期以来，杂交马褂木没有一个有效的双名名称，而采用杂交公式来表达，即 *Liriodendron chinense* (Hemsl.) Sarg. × *L. tulipifera* L.。实际上该杂交种是一个独立的物种，有其独特的形态学和生物学特性，见图 1、图 2，在中国已被广泛地栽培和应用。

根据《国际植物命名法规》中关于杂种名称的命名规则，我们对该杂交种的名称进行了新的订正，其新名称为亚美马褂木(*Liriodendron sino - americanum* P. C. Yieh ex Shang et Z. R. Wang)，又名杂交马褂木或杂交鹅掌楸。

亚美马褂木是在 1963 年 5 月 13 日由南京林业大学叶培忠教授首次采用人工杂交方法，将分布在亚洲的中国马褂木(鹅掌楸)[*Liriodendron chinense* (Hemsl.) Sarg.]与分布在北美洲的北美鹅掌楸(*Liriodendron tulipifera* Linn.)通过人工控制授粉育成的杂交种。模式树栽培在南京林业大学校园内，同批其他树木栽种在浙江省富阳市中国林科院亚热带林业研究所办公大楼前（树高已达 30 m 以上，胸径达 1 m 多）。

图 1　亚美马褂木形态图

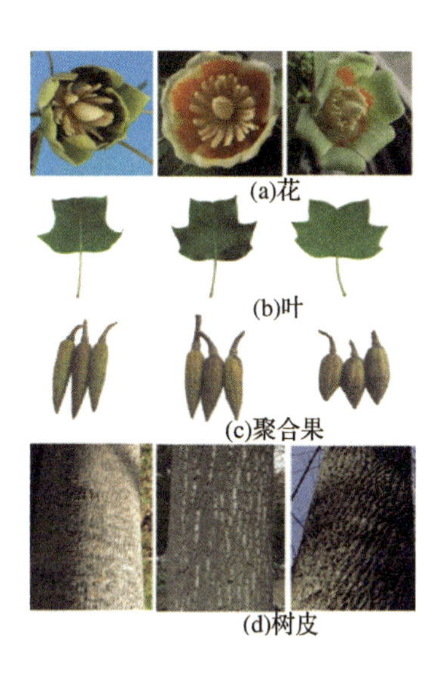

图 2　亚美马褂木与亲本形态比较图

注：每组图中左边为中国马褂木，中间为亚美马褂木，右边为北美鹅掌楸。

六、鹅掌楸属种间杂交育种主要成就、经验和体会

（一）主要成就

（1）创造出一个新树种，缓解了鹅掌楸的濒危局面，促进了树种进化。

（2）校企协作形成示范推广，推进园林绿化和人工林培育规模化应用。

（3）获国家级科技进步奖二等奖 2 项、省级科技进步奖一等奖 1 项。

（4）发表专著 1 部、研究生论文多篇。

（5）培养了一批博士、硕士研究生。

（二）经验与体会

1. 树木种间杂交是育种的重要课题

杂交是扩大变异、提供选择机会、实现创新选育新品种的重要手段，也是研究遗传变异规律，从而制定育种策略的重要手段，应在林木育种研究中充分利用。

2. 突破关键技术，重视技术配套运用

项目研究必须突出重点、抓住关键技术。要在杂交育种中了解树种生殖生物特性、掌握授粉可授期；获得杂种优势后，突破繁殖技术、实现杂种繁殖规模化是研究的关键。

3. 发挥团队精神，利用多学科协作优势

研究项目想要做大、做深、取得突破性成果，发挥团队精神，开展多学科协是关键因素之一。如项目主持人善于发挥团队精神、开展多学科协，就能取得明显的研究进展。

4. 建立校企协作平台，发挥产学研作用

走出学校，走向生产，开展校企协作，搭建产学研推广平台，是实现科技成果转化的关键。

5. 林木育种是需要长期坚持、多代人承前传后的事业

树木作为研究对象，其育种周期的长期性、个体的高大性、生长环境的复杂性，要求研究者要有长期不懈的努力、持之以恒的毅力、艰苦奋斗的决心。只有这样，才能取得突破性成果。

（三）展望

我们应继续努力，持续研究，在不久的将来，促使亚美马褂木成为我国主要造林栽培树种之一。

(1)扩大亲本资源，杂交亲本遗传基础的拓宽仍需加强，这是一项基础性工作。

(2)制定多代育种策略，将种内交配与种间杂交配合运用，开展杂交交配系统研究。

(3)加强新品种选育，进一步加强优良无性系品种化与产业化。

(4)继续加强产学研的结合，继续做好推广应用工作。

作者简介

王章荣，男，1932 年月出生，汉族，南京林业大学林木遗传育种学科教授、博士生导师，享受政府特殊津贴。长期从事林木遗传育种教学与科学研究，曾主持马尾松良种选育国家攻关课题、鹅掌楸属种间杂交育种研究项目。荣获国家科技进步奖二等奖和省部级科技进步奖一等奖多项奖项。目前仍坚持在生产第一线做成果推广工作。

加强森林经营　着力提升森林质量[*]

（摘要）

王祝雄

森林是陆地生态系统的主体和重要的自然资源，是维护国土生态安全和实现中华民族永续发展的重要保障。培育森林资源、提升森林质量是林业可持续发展的根基和林业建设的根本任务。

近年来，特别是“十二五”以来，党中央、国务院对林业建设的重视是前所未有的。习近平总书记提出了一系列建设生态文明的重大战略思想，对林业改革发展作出了一系列重要指示批示。在 2016 年 1 月 26 日中央财经领导小组第十二次会议上，习近平总书记强调，森林关系国家生态安全，要着力提高森林质量，坚持保护优先、自然修复为主，坚持数量和质量并重、质量优先。并明确指示要实施森林质量精准提升工程。国家林业局党组认真落实中央决策部署，明确提出，森林经营是现代林业建设的永恒主题，是关乎林业发展全局的大事，要把森林经营工作放到推进生态文明建设、实现中华民族永续发展的战略高度和林业长远发展的角度系统谋划、全力推进，把全面开展森林抚育、大力加强森林经营作为林业建设的核心任务和主攻方向。各地党委、政府也更加关注森林提质增效，出台了一系列支持林业改革发展和森林经营工作的相关政策。

* 2017 年 5 月第五届中国林业学术大会森林培育分会场上的特邀报告。

按照中央要求和局党组部署，近年来，我们积极探索，努力创新，初步探索出一条符合中国国情林情的森林经营道路。我们坚持转变发展思路。把森林经营与国土绿化摆在同等重要位置，持续大规模推进造林绿化，荒山造林与身边增绿并重，突出旱区造林、困难立地造林、珍贵树种培育，努力扩大森林面积，拓展国土绿化空间，解决不够多的问题；全面开展森林经营，不断提高森林质量，挖掘林地生产潜力，解决不够好的问题。我们坚持狠抓制度建设。成功组织召开了全国森林质量提升工作现场会，对“十三五”和今后一个时期森林质量提升工作进行了全面部署。出台了《全国森林经营规划(2015—2050年)》，明确了未来35年(与“两个一百年”相衔接)我国森林质量提升的目标任务、战略布局和经营策略。印发了省级森林经营规划编制指南，制定了县级森林经营规划编制规范，细化落实规划目标任务和经营策略，指导各地依据全国规划编制省级、县级规划，加快推进建立三级规划体系。我们坚持技术标准先行。组织修订了国家标准《森林抚育规程》、行业标准《低效林改造技术规程》，制定了一批区域性森林抚育技术规程，指导全国各省(自治区、直辖市)制定了符合当地实际的森林抚育实施细则，初步建立了以国家标准为指导，行业、区域和地方标准为补充的森林经营技术标准体系。我们坚持强化重大基础研究。组织开展了全国林地立地质量分级与评价、森林经营关键技术和主要森林类型经营作业法体系等重大基础研究，探索建立了一批有代表性的典型森林类型经营模式，强化森林经营技术储备。组建了全国森林经营专家库，为科学开展森林经营提供决策咨询。我们坚持试点示范引领。启动了全国森林经营样板基地建设工作，分两批确定了20个样板基地，旨在探索建立具有中国特色的森林经营管理、技术和政策体系。开展《国际森林文书》履约示范单位建设，推动森林可持续经营国际进程，积极引进吸收国际森林经营先进理念，结合中国林情创新开展森林经营实践。我们坚持强化人才队伍培训。针对我国森林经营人才匮乏、队伍断档问题，出台了《全国森林经营人才培训计划（2015—2020 年）》，推动建立国家、省、县三级人才培训制度，突出现场教学案例教学，强化专家团队现场点评指导。自 2013 年起，分南、北片区组织开展了森林经营管理技术研修班，累计培训 1 100 余人次，有效提升了森林经营管理和技术人员业务水平，引导地方树立科学的森林经营理念。

当然，我们也清醒地认识到，总体上，我国仍然是一个缺林少绿、生态脆弱的国家。人均森林面积、森林蓄积量分别只有世界人均的 1/4 和 1/7，单位面积森林蓄积量只有世界平均水平的 70%；生态功能好的森林面积只占 13%，质量等级好的森林面积只占 19%；木材进口依赖度接近 50%。森林总量不足、质量效益不高、森林生态系统退化、生态产品短缺、木材安全隐患等问题十分突出。森林经营工作也还存在一些突出问题，比如：资金投入不足，政策扶持不到位，缺乏激励社会资本和社会主体的参与机制；林道等基础设施建设落后，营造林生产作业条件差、成本高、效率低；科技支撑能力弱，基础和应用研究严重滞后；等等。更为关键的是人才断档的问题，我们急迫地需要一批森林培育学科的领军人才、森林经营管理的专业人才、掌握理论又懂操作的技术人才。全国森林经营宏伟蓝图已经绘就，将蓝图转换为现实的关键就是人才队伍，我们任重而道远。

针对森林经营工作的新形势、新变化，“十三五”和今后一个时期，我们工作的核心是要认真学习领会习近平总书记关于提高森林质量的重要指示精神，全面贯彻落实全国森林质量提升工作会议精神，进一步提高认识，坚持问题导向，抢抓发展机遇，完善工作思路，创新工作举措，促进我国森林经营工作有一个飞跃。

第一，加强组织领导。从中央到地方，各级林业主管部门要进一步加强森林经营工作的统一领导，统筹各方，建立职责清晰、运行顺畅、统一规范的森林经营工作机制，始终把森林经营放在林业工作的首要位置，持之以恒抓实抓好。第二，编制并实施规划。《全国森林经营规划（2016—2050 年）》已经印发各地实施，下一步重点是抓好省级、县级森林经营规划编制工作，省级规划承上启下，县级规划到山头地块，形成规划体系，确保森林经营工作依法依规、科学有序开展。森林经营方案是制定和实施各项森林经营措施的路线图和时间表。编制森林经营方案是各类森林经营单位的法定职责和义务。国有森林经营单位要带头，依据规划加快编制森林经营方案的步伐。森林经营方案编制，要遵从森林经营规划要义，按照树立新理念、区划三类林、配置作业法、体现多功能的原则要求，细化确定经营目标，科学制定培育措施。要精准划定时空安排，按照集中连片、规模推进、由近及远、由易到难的原则，合理落实任务，确保森林经营走上精准规范、健康持续的发展道路。已经编制的单位，要坚定不移地认真实施。第三，建立健全规程规范。国家层面，我们将继续做好宏观指导和顶层设计，在抓好《森林抚育规程》《造林技术规程》《低效林改造技术规程》等国家标准的修订实施基础上，出台相关标准制修订计划，建立以国家标准为指导，行业、区域和地方标准为补充的森林经营技术标准体系。各省（自治区、直辖市）要依据新修订的国家标准《森林抚育规程》，加快制定符合当地实际的实施细则。经营面积较大的林业局、林场也可以根据实践需要，研究制定企业标准。随着人们对森林经营认识的深化，对经营强度的加大，对技术措施的精准化、管理工作的精细化要求也越来越高。要在国家、省级两个层面的规程指导下，加快推进分区域、分林种（经营类型）、分树种（树种组），更加有针对性的技术标准，积极构建比较完备的森林经营标准体系。在制定主要用材树种经营标准的同时，要把经济林经营培育标准制定放在同等重要的位置，促进林产品产量最大化，充分发挥林业产业在扶贫攻坚中的重要作用。第四，抓好示范带动。国家林业局已经明确建立健全全国森林经营样板示范体系，到 2018 年，全国建成 20 个国家级样板基地、100 片示范林；到 2020 年底，建成国家级、省级样板基地 100 个、示范林 100 片。逐级抓好样板基地和示范林建设，做到有规划、有方案、有细则、有一定规模、有一支队伍。第五，加强制度创新。当前森林经营管理中存在的诸多问题，很多都可以在制度创新上取得突破、得到解决。要从国有林区森林经营管理实际出发，在制度建立执行的精准性上下功夫，充分释放森林经营制度创新的红利。第六，重视科技和人才队伍。必须紧紧依靠科技，摈弃消极、粗放作为，在技术精准、管理精细上下功夫，打造森林经营精品工程。要加大人才培养力度。国家林业局已经连续六年举办培训，各地要坚持把森林经营人才建设工作放在重要位置，认真落实《全国森林经营人才培训计划(2015—2020 年)》，抓好人才培训，积极培育、储备一支懂理论、懂技术、懂管理，结构合理、素质优良的森林经营人才队伍。

作者简介

王祝雄，男，汉族，1957 年 7 月出生，江苏省南通市人，中共党员，管理学博士，高级经济师，教授级高级工程师。1974 年 12 月参加工作，曾任原国家林业局森林资源管理司副司长、森林资源监督管理办公室常务副主任、造林绿化管理司司长，全国绿化委员会办公室秘书长，长江流域防护林体系建设管理办公室主任等职务。

发挥林业优势　助力乡村振兴*

吴　鸿　高智慧　张　骏　徐翠霞

实施乡村振兴战略是中国特色社会主义进入新时代做好“三农”工作的总抓手。林业主要工作领域在农村，主要从业人员是农民，实施乡村振兴战略，在补齐农业农村现代化短板的同时，也将有力地推动林业现代化建设。

一、浙江乡村振兴战略

当前，浙江省发展不平衡不充分的问题在乡村表现最为突出，高水平全面建成小康社会、高水平推进社会主义现代化建设——“两个高水平”最艰巨最繁重的任务在农村，最广泛最深厚的基础在农村，最大的潜力和后劲也在农村。实施乡村振兴战略，加快推进农业农村现代化，是解决人民日益增长的美好生活需要和不平衡不充分的发展之间的矛盾的必然要求，是如期实现“两个高水平”目标的必然要求，是实现全体农民共同富裕的必然要求。

与国家提出的“乡村振兴”战略的进度目标相比，浙江省率先提出了到2022年的乡村振兴五年行动计划，制定了现代农业综合产值超万亿、农民人均可支配收入

* 2018年11月第六届中国林业学术大会省级林学会分会场上的特邀报告。

新增万元等具体目标。与全国相比，浙江省乡村振兴行动计划体现了两个“更”字，一个是“更实”，另一个是“更高”。“更实”体现在将目标、任务分解到 5 年里分年度实施，并编制乡村振兴规划。“更高”体现在全国是到 2035 年基本实现农业农村现代化，到 2050 年全面实现农业农村现代化；浙江省是到 2035 年让全体农民共同富裕走在全国前列，率先实现农业农村现代化，以及到 2050 年高水平、高标准实现农业农村现代化。

近年来，农业现代化是浙江省“四化”的短板。主要表现在：农业供给质量和效益亟待提高，农村一、二、三产融合深度不够，产业规模小，链条比较短，品牌比较杂；基础设施缺、公共服务缺、人才缺是突出问题；乡村空心化严重，严重制约着乡村高质量发展。

（一）乡村振兴，重在把握乡村概念

时间上，这是一个长期过程，需要多一些“历史耐心”。从过去的农业，扩展到后来的“三农”工作，再到现在的乡村振兴，这是个动态发展的进程。空间上，这是一个指县城以下的范围，包括乡、镇、村，以及林业的林场、森林公园、自然保护区和风景名胜区。要把县域作为实施乡村振兴战略的主阵地，因地制宜地科学制定县域乡村振兴战略规划。产业上，要重视新业态在乡村振兴中的作用。如森林康养、森林小镇、森林人家、森林古道、民宿农家乐、电子商务、森林文化等相结合产生的绿色经济、美丽经济。

（二）乡村振兴，重在把握四个融合

围绕乡村振兴“人、地、钱”等要素供给，把握一二三产融合、生产生活生态“三生”融合、城乡融合和农文旅融合。城乡融合是由过去的“城乡统筹”发展而来

的。过去实行城乡一体化战略，本意是希望以城带乡，但由于我国城市具有强大的吸引力，基本上把农村的人、财、物都吸到城里去了，而乡村的吸引力远远不够，加上制度因素，造成了城乡发展的不平衡。加快城乡融合发展，重塑城乡关系意味着：首先，城市与乡村不再有明显的界限，城中有乡，乡中有村，二者的界限随着发展会越来越模糊；其次，城乡二者更深入地相互吸收对方的优点，并避免不足；最后，“城乡等值”，无论在城市还是乡村，人们享受到的公共服务应该差不多。农文旅融合可以推动乡村旅游与休闲度假、体育运动、康体养生、民俗特产、农业产品、特质文化和美丽交通的深度融合，培育生态游、乡村游、观光游、休闲游、农业体验游等农文旅融合产业，引导乡村旅游向度假、养老、康体、娱乐等高层次体验消费转型，可以带动农民增收、农村发展、农业升级。

二、乡村振兴中浙江林业的优势

林业的主要工作领域在农村，主要从业人员是农民。实施乡村振兴战略，在加快农业农村现代化步伐的同时，也将有力地推动林业现代化建设。振兴乡村，最大的优势在生态，最大的潜力在林业。

浙江省现有林地面积 9 914 万亩，森林面积 9 117 万亩，林木蓄积量 3.67 亿 m^3，森林覆盖率为 61.17%，居全国前列。浙江的省情、林情，决定了浙江林业在实施乡村战略中大有可为。浙江林业要按照产业兴旺、生态宜居、乡风文明、治理有效、生活富裕的总要求，坚持高质量发展，进一步打开“两山”的转化通道，助推乡村振兴战略。

（一）发挥林业高质量推动产业兴旺的优势

乡村振兴，产业兴旺是重点，是实现农民增收、农业发展和农村繁荣的基础。

离开产业支撑，乡村振兴就是空中楼阁。浙江林业依托深厚的森林资源禀赋，按照“秉持浙江精神，干在实处、走在前列、勇立潮头”的要求，以林业供给侧结构性改革为主线，走出一条“绿水青山就是金山银山”的现代林业发展路子，为乡村振兴绘好经济蓝图。

1. 做大做强主导产业

竹产业和木本油料产业是浙江的两大林业特色主导产业，在全国占有重要地位。在继续发挥主导产业优势的同时，要优化产业布局，加快林业产业一二三产融合和转型升级。实施“一县一品”特色林业产业提升计划，形成主体协作紧密、产业链条完整、利益联结高效、竞争能力较强的现代林业经济发展模式。深入挖掘特色富民产业，做强木本粮油、竹产业、花卉苗木等主导产业，实施“互联网 + 产业”行动，做大块状集聚经济，实现乡村产业兴旺。坚持因地制宜发展林下经济，重点发展以铁皮石斛为重点的“一亩山万元钱”的科技富民模式。

2. 培育壮大新兴产业

目前，浙江有森林特色小镇创建单位 73 个，森林人家命名单位 158 个，评选出了最美森林古道 100 条，入选全国森林康养基地 17 家。全省森林旅游年接待游客超过 1.8 亿人次，产值 1 356 亿元，发展森林康养已有很好的基础。下一步，要依托浙江良好的森林生态环境和地域特色文化，建设一批健康与产业融合发展的森林康养示范基地。培育各具特色的民宿新业态，打造全国一流的森林休闲养生福地，充分挖掘绿水青山背后的金山银山，发展“绿色经济”和“美丽经济”。

3. 提升打造特色品牌

浙江初步形成了林业标准体系，近 5 年，有 2 家林业企业获得省政府质量奖，197 个林业类产品被评为浙江名牌产品，5 个产品被评为中国名牌产品。已连续举办 10 届的中国义乌国际森林产品博览会，年均参加的国家和地区 40 多个，累计实现成交额393.5亿元，已成为全国规格最高、规模最大的国际性林业盛会。下一步，浙江要致力于林业供给侧结构性改革，大力实施标准强林、质量强林、品牌强林行动，推进科技研发、标准研制和产业发展、品牌培育一体化。

（二）发挥林业高水平实现生态宜居的优势

随着经济社会的快速发展，人民群众对林业的期待持续升温，迫切希望有良好的生态、优美的环境、新鲜的空气、干净的水、放心的森林食品和丰富的林业产品，这对林业提出了新的更高的要求。生产提供更多更好的生态产品、物质产品和文化产品，让广大林农在乡村振兴中有更多获得感、幸福感，是林业落实“农民要什么，我们干什么”的重要体现。

浙江省林业要坚持统筹保护发展，高水平、高质量推进国土绿化美化，始终牢记加强生态资源保护的责任担当。在2018年5月召开的全国生态环境保护大会上，习近平总书记指出，新时代推进生态文明建设，必须像保护眼睛一样保护生态环境，像对待生命一样对待生态环境，创造良好的生产生活环境，不断满足人民群众对良好生态和美好环境的期盼。

2003年，浙江决定实施“千村示范万村整治”工程。此工程的重要抓手之一便是绿化。自2003年起，浙江省林业厅以“创绿色家园、建富裕新村”为主题，以绿化示范村创建为突破口，加大工作力度，精心组织实施，大力开展村庄道路、河道、庭院、宅旁绿化和公共绿地的建设，完善村庄绿地系统，推进村庄绿化美化；2008年，在绿化示范村建设的基础上，“关注森林”活动打响，全省范围内部署开展森林城市（城镇）创建工作；2015年，启动实施“一亩山万元钱”林技推广行动；2016年，提出的“新植1亿株珍贵树”任务和古树名木保护及古道修复工程，都以“绿水青山就是金山银山”这一科学论断作为指导，贯彻创新、协调、绿色、开放、共享、发展的理念，从而提高森林质量，美化人居环境，促进农民增收。

目前，全省省级森林城市实现县级全覆盖，全省平原林木覆盖率已达到20%以上，近5年每年发展珍贵彩色森林20万亩、新植珍贵树种2 000万株以上。今年启动的“一村万树、千村示范、万村推进”三年行动计划，将在全域内提升乡村绿化美化水平，为乡村振兴提供绿化美化示范。

（三）发挥林业高品位引领乡风文明的优势

森林、湿地和野生动植物既是生态资源，也是文化资源，寄托着美丽乡愁，传承着良好乡风，为乡村振兴提供了深厚的文化内涵。浙江省林业要坚持生态普及、文化引领、理论研究并进，秉持发掘保护、传承利用、融合发展并举，大力建设和弘扬森林生态文化，传播生态文明理念，促进全社会形成良好的生产生活方式。

1. 深入挖掘“乡愁”文化

古树和古道，是自然与先人留给我们的独特自然资源、稀缺旅游资源和珍贵文化资源，一经毁坏，不可再生。森林和湿地是人类文化的源泉，在培育乡村社会主义生态文明观中发挥着重要作用。

2. 广泛开展生态教育

组织开展生态日、湿地日、野生动植物日、爱鸟周等宣传活动，深入挖掘浙江生态自然资源和生态人文资源，重点命名一批生态资源丰富、生态保护良好、生态经济发达、文化特色鲜明的生态文化基地，打造生态文化宣传、教育的主阵地。10年来，浙江省命名了179个省生态文化基地、587个生态科普教育基地；每年接待参观考察近2 000万人次；32个行政村被评为“全国生态文化村”，数量居全国第一。

3. **大力宣传生态科普**

浙江省推进森林城市、城镇、村庄创建，成功创建国家森林城市12个，又有15个县(市)正在创建国家森林城市并已获得国家林业和草原局备案。面向全省农村开展“最美系列”评选活动，进行最美森林、最美湿地、最美护林员、最美古道、最美鸟类、最美古树等宣传活动。省林学会开展浙江省十大最美银杏评选，评出浙江省杭州市临安区天目山自然保护区等地10棵银杏，并授予它们“浙江省十大最美银杏树王”称号；开展“浙江省最美银杏村落评选”活动，评出桐庐县分水镇朝阳村等10个最美银杏村落；开展“浙江省森林文化小镇评选”活动，评选出省级森林文化小镇20个，并在2018年两岸基层林业学术交流大会上进行表彰，扩大宣传面和影响力。

（四）发挥林业高效益助力生活富裕的优势

发展归根结底是为了人民，林业产业发展得好不好，关键要看林农富不富。浙江的林业工作始终关注林农的权益，着力提升林业富民的能力，加快推进富民林业现代化，助推“富裕乡村”建设。要以深化“一亩山万元钱”行动为抓手，深入实施精准帮扶，不断放大科技富民的覆盖面和受益面，逐步提高生态补偿标准，保障好林农权益，让更多的林农走上致富之路。

浙江省正在实施的“一亩山万元钱”深化行动是以习近平新时代中国特色社会主义思想和“两山”理念为指导，坚持绿色、生态、高效的林业发展方向，初步走出的一条“绿水青山就是金山银山”的现代林业富民路子。

“小康不小康，关键看老乡”，林业作为浙江省高水平全面建成小康社会的主战场，多年来我们和各级林业科技人员坚持以人民为中心的发展思想，经过反复认真筛选，总结研创出4种类型10个模式等50例成功典型。当前全省各地都结合当地实际，确立了当地推广特色、方向和重点，涌现了各类“绿色、生态、高效”的“一亩山万元钱”典型。如：嵊州市长乐镇坎一村通过多年的艰苦探索，渐渐地找到了一条香榧健康发展的快车道，2016 年的香榧青蒲最高亩产量达到 750 kg，亩产值达到了近 3 万元，通过香榧、林下套种和盆景，青山变金山；淳安县临岐镇半夏村发展山核桃林下套种掌叶覆盆子模式，2017 年人均收入达到 3. 9 万元；龙泉市兰巨乡年年丰家庭农场林下近野生种植灵芝，2017 年亩产值达 2. 4 万元。

做大做强“一亩山万元钱”林业科技富民模式，是新时代浙江省践行“两山理念”的林业版、发展林下经济的浙江版，也是实现精准帮扶促农增收、美丽乡村生态宜居的有效途径，必将在乡村振兴战略中发挥积极作用。

三、发挥浙江林业科技的支撑作用

浙江林业科技在乡村振兴中要挑大梁，要以现代林业示范园区、专业示范村、示范户为载体，树立一批高效集约的示范典型，建立不同模式的科技示范基地，织好科技示范网，充分发挥科技的“乘数效应”。

（一）深化科技体制改革，提高创新水平

实施乡村振兴战略要深化科技体制机制改革，不断提高科技创新能力，要下大力气把科技攻坚的触角调整到深入“三农”工作的第一线。坚持以生产实践和市场需求为导向，加大科技创新力度，增加产业发展的重大技术供给，重点攻克种业创新、森林培育、林下经济和产业转型升级等领域的技术瓶颈。

（二）推进科研成果转化，促进林业改革

深化林业供给侧结构性改革，实现更高水平的林业提质增效、林农增收都离不

开科技的参与和支撑。推进科技成果转化是林业供给侧结构性改革的迫切要求。科技成果不能只体现在论文上，而是要面向林业生产一线，从推广体系、协作机制和科普宣传入手，通过培训、宣传、“林技通”等“互联网＋”新兴技术扩大示范面，加快提升成果转化运用水平，形成推动林业创新发展的强大动力。

（三）提高基层人员积极性，实现人才振兴

推进基层农技推广的体制改革和机制创新，建立功能完整、运转协调、保障有力、精干高效的基层农技推广体系，是当前科技下乡面临的一项急迫而艰巨的任务。做大做强县级机构，增强科技下乡服务能力。通过单招单考、定向培养基层农技人员、面向大学生村官招聘等方式稳定持续地补充人员到基层农技推广队伍中。落实职称评聘向基层倾斜政策，适当增加基层农技推广机构中、高级职称比例，争取基层农技人员中、高级职称岗位应聘尽聘，鼓励和支持广大林业技术推广人员深入一线开展推广服务。培养和树立一批适应现代化林业发展要求的林业标兵、林业乡土专家典型，以典型促帮带，激励林农自学互学，共同促进，全面提升，实现乡村人才振兴。

（四）深入基层开展科普，提升林农素质

林业产业是离山区林农最近的产业，也是林农致富最有效的产业。要坚持以人民为中心的思想，积极发挥林业科技致富的“乘数效应”，切实做好林业精准帮扶这篇大文章，让更多的山区老百姓共建共享林业发展成果。围绕当地林业资源与产业特色及林业科技发展需求，深入实施乡村振兴和创新驱动发展战略，明确产业发展方向和奋斗目标，加大科普宣传力度，培育新型职业农民，全面提升林农素质。

全省涉林科研院校要依托各自优势，通过林业科技周、科技特派员、专家现场咨询等多种形式和渠道全面开展科技下乡，共同推进林业科技整体水平和林农综合素质的稳步提高。

作者简介

吴鸿，男，1960 年 3 月出生，教授，理学博士，博士生导师，现任浙江省林业局巡视员，浙江省林学会理事长，九三学社中央委员会委员，浙江省政协常委和农业与农村工作委员会副主任，中国林学会常务理事兼森林食品专业委员会主任、森林昆虫分会副理事长，浙江省昆虫学会副理事长。先后主持或参加过 30 多项科研项目；发表论文 180 余篇；获省部级科技进步奖一等奖 1 项，二等奖 3 项；出版学术专著 30 余部；培养博士研究生 5 名，硕士研究生 20 名。

高智慧，浙江省林业技术推广总站站长，研究员。

张骏，浙江省林业技术推广总站工程师。

徐翠霞，浙江省林业科学研究院工程师。

林木种业科技创新的新机遇*

王军辉

一、林木育种现状

（一）我国林业现状

根据2009—2013年开展的第八次森林资源清查结果，中国现有森林面积2.076 9亿 hm^2，与第七次森林资源清查结果相比，增长了6.67%；森林蓄积量为151.4亿 m^3，与第七次森林资源清查结果相比，增长了10.32%；森林覆盖率为21.63%，与第七次森林资源清查结果相比，增长了8.93%。2006—2015年，林业产值10年增长了4.8倍，2017年林业产值为7.1万亿元，比2016年增长了9.8%。中国森林蓄积量位列世界第6位，但只是世界森林蓄积量的3.16%，人均蓄积量为10.98 m^3，位居世界125位。据联合国粮农组织最新公布的《2015年全球森林资源评估报告》显示，从1990年到2015年全球森林面积净减少1.29亿 hm^2，而中国的森林面积由1.33亿 hm^2 增加到2.08亿 hm^2，净增加0.75亿 hm^2，成为全球森林面积增长最多的国家，并被评价道“中国在通过天然更新和人工造林增加永久性森林

* 2018年6月第十三届中国林业青年学术年会上的主旨报告。

面积方面，为全球树立了榜样”。我国森林面积占全世界的 4. 85%，人均森林面积为 0. 15 hm^2，我国人均森林面积居世界第 148 位，生态脆弱区占 60%。我国木材对外依存度已连续 2 年超过 50%，是全球第一大木材进口国和第二大木材消费国。我国人工林面积为 10. 4 亿亩。杉木、马尾松、国外松、落叶松和桉树等树种是我国最重要的速生丰产针叶用材树种。其中杉木和马尾松分别占全国木材战略贮备林基地的 30% 和 25%，居全国人工林面积的第 1 位和第 5 位，占集体林区乔林的第 1 位和第 2 位。

（二）我国林木种业现状

林木种业是林业的命脉和促进林业产业发展的原动力，具有长期性、继承性、地域性和超前性。近年来，我国出台了较多林木种业相关政策：2012 年，发布《国务院办公厅关于加强林木种苗工作的意见》；2013 年，发布《国务院办公厅关于深化种业体制改革提高创新能力的意见》；2015 年，发布《全国林木种质资源调查收集与保存利用规划(2014—2025 年)》；2016 年，新修订的《中华人民共和国种子法》开始实施，并且发布《主要林木育种科技创新规划(2016—2025 年)》。全国共有 1 200 多处林木良种基地，其中 294 处为国家重点林木良种基地。2009 和 2016 年，我国确定了 2 批 99 处国家林木种质资源库；2015 年，我国正式启动了国家林木种质资源设施保存库(国家主库)建设。我国还建立了国家林木种质资源平台。截至 2017 年，全国共审(认)定良种 6 236 个，其中国审(认)定 429 个。2015 年，林木良种使用率为 61%。

（三）国际林木种业现状

国际上现在已形成美国、中国、欧洲和大洋洲 4 个林木育种研究中心。国外育种是以大学、科研院所和企业组成林木育种联盟或协作组织实施，如 NB Tree Improvement Council（Canada）、Tree Improvement Program（NC State University，USA）、Southern Tree Breeding Association（Australia）。瑞典共有 130 个商业化生产种子园，供应 70% 的挪威云杉和 90% 的欧洲赤松良种用于人工造林，期望的木材产量遗传增益达到 25%。挪威云杉的无性繁殖（体细胞胚胎发生自动化）商业化运作后，无性系造林面积将逐步增加。美国火炬松育种第四改良周期的控制异交基本完成，第四改良周期的遗传测定于 2017 年开始，新选一批大无偏育种值（Big BLUP）的优良种质。火炬松种子园收获 30 000 kg 种子。现在用第三改良周期种子园植株树顶嫁接建设第四改良周期种子园。自 2000 年以来，通过优良杂交组合规模化制种共生产优良杂交组合的苗木近 5 亿株，仅 2015 年就生产了 8 100 万株。美国超过 95% 的火炬松人工林使用良种造林，其中 80% 是自由授粉家系，15% 是全同胞家系，2% 是无性系，3% 是其他来源。

总体而言，林木遗传改良向高世代发展。高世代种子园包括美国湿地松和火炬松第 3 代种子园，瑞典欧洲赤松第 2 代种子园，澳大利亚和新西兰辐射松第 3 代种子园等。良种利用发展到优良家系种子的家系林业阶段，先进林业国家重要树种发展到优良体细胞胚诱导无性系林业阶段。常规育种仍然是有效手段，更加注重种质资源表型和遗传评价，以及特异资源的挖掘利用。基因组选择育种、细胞工程育种为现代林木育种核心技术。育种群体大小和结构是林木育种的关键。种业企业成为种业技术创新和投资主体，跨国种业企业拥有大多数种业知识产权，占据大部分林果花种业市场。惠好公司在北美、南美、亚洲和大洋洲拥有和管理 1 700 万 hm^2 的针叶阔叶林地，每年种植超过 1.2 亿棵树苗。2016 年，惠好公司排在美国 500 强中的第 373 名。

二、近期国家育种计划

我国部署实施体现国家事关长远、事关全局的国家战略意图和“三个面向”的要求的 2030 科技创新重大项目。从基础研究、前沿高新技术、关键共性技术、种质资源创新、重大产品创制、良种繁育、示范应用，以及产业支撑与平台建设全产业链布局，解决中国林木种业与全球林木种业的差距，抢占林木种业战略必争领域、颠覆性技术和未来发展技术，形成重大标志性成果和重大战略性产品，创新符合林木种业特点的实施机制。

项目要揭示林木重要性状形成的分子调控机制，林木体细胞胚胎发生、维持和分化的人工调控发育模型和网络等重大基础科学问题，突破主要林木规模繁殖同步调控技术、主要林木体细胞胚胎高效生产体系、针叶树雌雄比例调控技术、林木高效倍性育种技术等核心关键技术。

三、战略与新机遇

创新是建设现代化林业的战略支撑，科技如何办？我国林业已由高速增长阶段转向高质量发展阶段，科技如何支撑？实施乡村振兴战略，科技如何发挥作用？想要发动林业科技创新的“新引擎”，需要思考三个问题：我们科技的最大现实需求是什么？我们和国际相比最大的短板在哪里？我们通过什么方式来解决最大的现实问题？想要突破制约林业发展的重大科技问题，需要立足三个面向：面向世界林业科技前沿、面向国家重大需求、面向现代林业建设主战场。想要再一次回归原点，需要考虑六大着眼点：需求、短板、科学问题、关键共性技术、战略性新产品、任务布局。

作者简介

王军辉，男，1972 年 4 月出生，汉族，中国林业科学研究院科技管理处处长、研究员，中国林学会林木遗传育种专业委员会副主任委员，中国林学会珍贵树种分会副主任委员，中国林学会青年工作委员会副主任委员兼秘书长。主要开展珍贵树种楸树和云杉种质资源创制、新品种选育、功能基因组学及重要性状的遗传解析等林木遗传育种研究。曾承担"十一五""十二五"国家科技支撑、林业公益性行业科研专项、国家自然科学基金等 10 余项科研工作。获国家科技进步二等奖 2 项、湖北省科技进步一等奖 1 项、湖北省科技进步二等奖 1 项、梁希林业科学技术一等奖 1 项、中国林业青年科技奖 1 项等。获国家林业和草原局科技司认定成果 14 项，鉴定成果 12 项。制定行业标准 4 项、地方标准 17 项。获得国审(认)定良种 10 个、林木新品种权 7 项，省审(认)定良种 28 个。获 12 项授权发明、实用新型专利。以第一或通讯作者发表论文 97 篇，其中 SCI 收录 35 篇、EI 收录 3 篇；出版著作 4 部。

从东北地区梢斑螟的危害看森林保护*

迟德富

梢斑螟属(*Dioryctria*)隶属于鳞翅目、螟蛾科，在全球范围内鉴定出79种，在我国发现了16种，这16种分别为冷杉梢斑螟[*Dioryctria abietella*(Denis & Schiffermüller, 1775)]、微红梢斑螟[*D. rubella* (Hampson, 1891)]、云南梢斑螟[*D. yuennanella* (Caradja, 1937)]、昆明梢斑螟[*D. kunmingnella*(Wang & Sung, 1985)]、樟子松梢斑螟[*D. mongolicella*(Wang & Sung, 1982)]、赤松梢斑螟[*D. sylvestrella*(Ratzeburg, 1840)]、芽梢斑螟[*D. yiai*(Mutuura & Munroe, 1972)]、栗色梢斑螟[*D. castanea* (Bradley, 1969)]、果梢斑螟(松果梢斑螟)[*D. pryeri*(Ragonot, 1893)]、大梢斑螟[*D. magnifica* (Munroe, 1958)]、树脂梢斑螟[*D. resiniphila* (Segerer & Pröse, 1997)]、云杉梢斑螟[*D. schuetzeella*(Fuchs, 1899)]、梵净梢斑螟[*D. fanjingshana* (Li, 2009)]、管梢斑螟[*D. aulloi*(Barbey, 1930)]、针枞梢斑螟[*D. reniculelloides* (Mutuura & Munroe, 1973)]、油松球果螟[*D. mendacella*(Staudinger, 1859)]。

已报道分布在东北地区的梢斑螟有6种，即冷杉梢斑螟、赤松梢斑螟、微红梢斑螟、果梢斑螟、樟子松梢斑螟和油松球果螟。学者们在这些梢斑螟的分类学、种团组成、生物学、发生规律、营林控制、生物控制、人工物理控制和化学控制技术

* 2017年7月中国林业青年学术研讨会暨中国林学会青年工作委员会换届大会上的特邀报告。

等方面开展了大量的研究工作，但是还存在很多薄弱环节。

一、生物生态学研究薄弱

从现有的资料看，不同学者对冷杉梢斑螟、赤松梢斑螟和果梢斑螟的寄主种类、危害部位、越冬时间、越冬虫态、越冬位置等的描述有一定的差别，见表1。查阅微红梢斑螟、油松球果螟和樟子松梢斑螟等的文献后，会发现同样的问题。出现这种现象的原因有几个方面：①梢斑螟属昆虫往往具有一个种类可以危害多个寄主，而且同一寄主上有多种梢斑螟混合危害的现象；②不同梢斑螟的成虫和幼虫在外观上均不宜区别；③研究力量分散，每一个研究组能投入的资金、人力等均比较有限；④每一项研究的期限都比较短等。所以，现有报道多是阶段性研究成果，不是很完善。但是，由于生物生态学研究相对薄弱，给后续的监测、控制等均带来了较大的困难。

表1　几种梢斑螟生物学特性研究进展

种类	寄主种类	危害部位	世代数	越冬时间	越冬虫态	越冬位置	参考文献
冷杉梢斑螟	红松	红松球果	黑龙江省1年1代		老熟幼虫或预蛹	林下枯枝落叶层	徐波 等，2010
	冷杉、落叶松、红松、黄杉等	球果茎部、球果、嫩梢					赵祥君，2015
	红松	干部、嫩梢、球果	黑龙江省鹤北镇1年1代		幼虫落地化蛹		于太志 等，2005
	红松	嫩梢、干部、球果	黑龙江省1年1代	10月	老龄幼虫	松瘤包	陆文敏 等，1990
	红松	枝干、球果	吉林省敦化市1年1代		3～4龄幼虫	2年生的球果、果痕处和嫩梢内的虫道内	徐明海，2008
	红松	球果	黑龙江省1年1代	9月中旬	幼虫	林下枯枝落叶层	徐波，2009

续表

种类	寄主种类	危害部位	世代数	越冬时间	越冬虫态	越冬位置	参考文献
冷杉梢斑螟	红松	球果、嫩梢	1年1代		3~4龄幼虫	2年生球果、果痕处和嫩梢内	臧楠，2007
	原始红松	果梢					周彪 等，2006
赤松梢斑螟	红松	红松果梢	黑龙江省1年1代		老龄幼虫	梢部被害后形成的松瘤包	徐波 等，2010
	红松	幼树嫩梢、球果和干部	黑龙江省1年1代	9月	2~3龄幼虫	松瘤包内	陆文敏 等，1993
	红松	嫩梢(主梢为主)、球果					冯德刚 等，1997
	红松	主梢	黑龙江省1年1代	9月中旬	老龄幼虫	松瘤包	徐波，2009
	红松	主梢	黑龙江省1年1代	9月	2~3龄幼虫	松瘤包	朱明明 等，2015
	红松	枝	1年1代	9月中旬	2~3龄幼虫	枝下瘤包	臧楠，2007
	原始红松	球果、嫩梢、干部	黑龙江省1年1代	9月中旬	2~3龄幼虫	松瘤包	周彪 等，2006
果梢斑螟	松树	1~2年生球果、1年生枝梢	陕西省洛南县1年1代	7月中旬	幼虫	油松雄花序、枝干树皮缝隙、枯死的2年生球果和1年生枝梢内	魏丹 等，2011
	油松	1~2年生球果	辽宁省兴城市1年1代	7月中旬以后	初孵幼虫	上一年被害的干枯球果和松梢内	徐岩 等，2002
	黄山松	嫩梢、球果	浙江省天台县1年1代	10月下旬	2龄幼虫	针叶林丛、树皮、裂缝、被害枯球果	袁荣兰 等，1990
	樟子松	枝梢	黑龙江省西部1年1代	10月下旬	幼虫	松梢或树干皮下	姚远 等，1996
	油松	球果、新梢	1年1代		2龄幼虫		杨立军 等，2011
	松树	1年生球果	吉林省露水河镇1年1代	9月中旬	3~5龄幼虫	1年生球果，果痕下2~10 cm的2年生枝	杜秀娟，2009
	油松、樟子松、黄山松、马尾松	球果、嫩梢	1年1代				李新岗，2006
	马尾松	雄花、球果、枝梢	浙江省1年1代		幼虫	2年生球果	赵锦年 等，1989

二、监测存在一定的漏洞

樟子松梢斑螟是嫩江地区林科所(黑龙江省森林与环境科学研究院的前身)钱范俊、于和等于1978—1980年间在大兴安岭樟子松原始林区进行调查时发现的一种钻蛀性害虫，1982年由中科院动物所王平远先生鉴定为新种，定名为樟子松梢斑螟。当时，樟子松梢斑螟仅在大兴安岭原始林区有发现。

2002年，我们在黑龙江省富裕县富裕林场发现该虫危害樟子松人工林，这是樟子松梢斑螟首次危害樟子松人工林的新纪录，当时发生株率在5%以下。2005年，我们再进行调查时，富裕林场和新江实验林场(二者相邻)发生株率已达30%。

2013年6月—2014年5月，由黑龙江省林业厅森林资源与环境科学研究院的研究人员对东北西部三北防护林地区进行了初步调查。发现吉林省白城市街道绿化樟子松林有该虫危害；黑龙江省大兴安岭地区加格达奇区万亩樟子松种子园发生株率为70%以上，受害严重；黑龙江省大庆市太康县新甸林场及附近区域有零星分布；黑龙江省齐齐哈尔市9县1区均有发生，受害程度有所不同。其中位于讷河市境内，隶属于黑龙江森林资源与环境科学研究院的新江实验林场发生面积13 000亩，发生株率为30%~90%，受害严重；拜泉县龙泉乡农防林受害严重；富裕县富裕林场受害严重。从2015年开始，我们对梢斑螟进行全面监测，到2018年，经统计，樟子松梢斑螟在黑龙江省发生面积超过25万亩。

对冷杉梢斑螟等其他几种梢斑螟的监测也发现同样的问题，如2016年以前统计到危害红松的梢斑螟发生面积不足5万亩，到2018年发生面积达50万亩以上。

从以上所述的发现樟子松梢斑螟，到关注其危害樟子松人工林，再到开展初步调查和进行全面监测等过程可见，我国研究机构对部分森林有害生物的监测还存在一定的漏洞。

三、与国外相比危害严重

尽管全球范围内有 79 种梢斑螟分布，但在国外引起巨大经济损失和生态损失的案例很少。如将梢斑螟属名 *Dioryctria* 作为主题词，输入到 Web of Science 平台，检索2003 年以来发表的相关文献发现，在 Web of Science 核心合集中检索到53 篇文献（其中，由国内学者发表且报道国内该属相关研究的文章有 6 篇）。53 篇文献中，2019 年 1 篇、2018 年 1 篇、2017 年 4 篇、2015 年 8 篇、2014 年 1 篇。总体看，发表的文章数不多，间接说明该属在国外没有引起很大关注。国外关于该属的报道主要集中在不同寄主上梢斑螟的种类组成、一定区域梢斑螟区系、系统发育与种团组成、性信息素的鉴定、性信息素的组分配比、性信息素不同组分之间的协同作用、外源性信息素扰乱交尾、被害后球果的时空格局、不同种类害虫对种实的影响、被害后松脂和幼虫坑道残留物的成分分析。Sarikaya 报道了赤松梢斑螟在土耳其沿地中海地区危害土耳其松（*Pinus brutia* Ten.）的幼苗和幼树；春季和秋季，为树干注射甲维盐显著降低了 *Dioryctria abietivorella* 对花旗松的危害，还可以降低梢斑螟属害虫对西黄松（*Pinus ponderosa*）种子园中球果的危害。Bracalini 调查了意大利伞松球果被害状况，发现球果主要受到 2 种窃蠹科蛀虫 *Ernobius parens* 和 *E. impressithorax* Pic. 的危害，梢斑螟有一定程度的危害但总体较轻。Rosenberg 发现注射赤霉素和阿维菌素可以降低冷杉梢斑螟对挪威云杉［*Picea abies*（L.）Karst.］球果的危害。另有学者发现喷施苏云金杆菌（*Bacillus thuringiensis*）可以减少冷杉梢斑螟对挪威云杉球果的危害。从文献数量和查阅文献中梢斑螟的危害程度上，可以发现梢斑螟在国外的危害性不是很高。

但是，在 CNKI 中输入 *Dioryctria*，查找 2003 年以来发表的文章达到了 85 篇。国内学者在中文期刊上发表梢斑螟的文章数量，比其他所有国家学者发表的英文文献还多。这说明梢斑螟在国内的受重视程度较高，也在一定程度上说明梢斑螟在国内造成的危害与其在欧美等国家相比更严重。特别是樟子松梢斑螟、冷杉梢斑螟、赤松梢斑螟和微红梢斑螟等近年来在东北地区大面积发生。其中樟子松梢斑螟发生面积大，且造成樟子松人工林衰弱、风折、枯死；危害红松的是几种梢斑螟，它们严重危害了红松枝梢和球果，每年造成近 10 亿元的经济损失。

梢斑螟在我国严重发生的原因主要有：①森林保护学科与其他学科联系不紧密，在森林培育过程中忽略了森林有害生物问题，营造了大量的人工纯林；②森林保护学者还没有探索出安全高效的防控梢斑螟的技术。

四、几点思考

我国梢斑螟的发生、危害和研究现状，对我国森林保护工作提出了更高的要求，也为森林保护事业未来的发展指出了努力的方向。笔者认为应该：

(1)加强森林保护工作与森林培育等学科的交叉融合；

(2)组织森林保护研究团队，开展森林有害生物分类学、生物学、生态学、发生机制等基础研究；

(3)实现分子生物学技术与传统研究技术的深度融合，在病虫快速鉴定、检测、检疫和发生规律等领域发挥更大作用；

(4)积极利用 3S 技术、无人机、大数据等监测调查手段进行森林有害生物的全覆盖监测；

(5)积极开展外来入侵物种的侵入、风险评估、防除技术研究；

(6)从生态控制、化学生态控制、抗性育种、生物控制技术方面积极探索主要森林有害生物的绿色防控技术。

作者简介

迟德富，1962 年 9 月出生，汉族，东北林业大学二级教授、博士生导师。主要从事森林有害生物发生机理及控制技术的研究。发表论文 150 多篇，其中 SCI 收录近 30 多篇；出版专著 5 部。获国家科技进步二等奖 1 项，省部级科技进步一等奖 2 项、二等奖 4 项。2004 年入选“新世纪百千万人才工程”国家级人选，2007 年入选黑龙江省优秀中青年专家，2017 年当选首届全国林业教学名师，2018 年被评为黑龙江省教学名师。

国内外森林火灾扑救中以水灭火技术的前沿与热点*

舒立福

森林火灾不仅危害森林生态系统，还会给人们的生命财产造成严重损失和影响。20世纪70年代以来，全球气候持续变暖，森林火灾发生次数和损失都呈上升趋势。为了控制和扑灭森林火灾，世界各国都在不断研发和改进火灾扑救技术。其中，以水灭火是较为传统的火灾扑救技术，具有成本低廉、对环境无污染、灭火效果直接迅速等优点，还可以有效防止火场的复燃。如果火场附近有河流、湖泊、池塘等天然水源，以水灭火则应是首选的灭火方式。对于水源匮乏的林区，可以考虑修建临时或永久性贮水池，以解决灭火水源不足的问题。美国、加拿大和澳大利亚等发达国家对以水灭火消防装备的研究、生产和使用一直都很重视，产品通用配套并由专门的生产机构(公司)生产，主要有水枪、水泵、消防车、飞机等灭火工具。

一、以水灭火的原理

可燃物、氧气、一定的温度被称为林火燃烧的三要素，森林火灾是三者相互作用的结果，只要隔离或破坏其中任何一个要素，就可以控制森林火灾并将其扑灭，

* 2018年6月南方高山林区以水灭火高新技术研讨会上的特邀报告。

减少火灾对森林的危害。空气中的氧气是森林火灾燃烧时的助燃剂，当空气中氧气的浓度低于 14%~18% 时，燃烧就会停止。所以，只要将空气与可燃物隔离或者使空气中的氧气浓度低于维持燃烧进行的下限，就可以达到阻止燃烧的目的。水一旦被喷洒到可燃物上，就会使可燃物的表面温度降低，当正在燃烧的可燃物温度降到燃点以下或者是使火线附近的可燃物达不到燃点温度时，燃烧就会停止，从而达到灭火的目的。

（一）稀释作用

水受热会由液态转为气态，饱和的水蒸气体积是 100 ℃液态水体积的 1 700 倍，当温度升到 700 ℃时，水蒸气会膨胀至原液态水体积的 4 300 倍。这些水蒸气可以让空气无法接触到可燃物，从而降低火场附近的氧气含量，使燃烧所需的氧气无法得到补充，令燃烧停止。水蒸气还可以有效地稀释火场附近的可燃性气体，使可燃性气体的浓度降低到燃烧要求的浓度以下，促使燃烧停止。

（二）冷却作用

水受热由液态转为气态的过程需要吸收大量的热，水的热容很大，1 kg 水每升高 1 ℃需要吸收 4. 185 6 kJ 的热量，1 kg 水完全蒸发则要吸收 2 217. 52 kJ 的热量。当水落在可燃物上蒸发时，所需的大量热能都要从正在燃烧的可燃物上吸取，这就使可燃物迅速冷却；同时由于提高了可燃物的湿度，也就相对增加了燃烧进行的难度，也会使燃烧停止。

（三）机械作用

水经过灭火机具加压后产生的水柱具有相当大的冲击力，这种机械作用能够破坏燃烧中枯枝落叶层的物理结构，使其与湿土混合，达到直接灭火的目的。

从理论上讲，0.04 g的水与1 cm^2表面积的木炭相接触，就可以使木炭燃烧产生的火焰熄灭；1 L水就可以阻止2.5 m^2表面积的木炭燃烧；4 000 L水就可以阻止1 hm^2表面积的木炭燃烧。在燃烧的木炭温度达到850 ℃时，水的温度必须在38 ℃以下才可以与可燃物接触。

在实际灭火中，对正在燃烧的可燃物进行大颗水滴喷洒，是扑灭森林火灾的有效途径，也是林区常用的森林消防策略。在扑灭森林火灾时，扑灭单位面积上可燃物的火焰通常需要1～2.5倍的水量才可以达到最佳的灭火效果。扑灭1 m^2的火线，需要用1～2.5 L水，如果林下的枯枝落叶层较厚，则扑火1 m^2火线的用水量会上升至8 L。

二、以水灭火的扑火装备和手段

在森林消防工作中，以水灭火的方式分地面和空中两种，以水灭火的消防装备也相应分为地面和空中两类。地面消防装备通常有背负式灭火水枪、灭火水泵、森林消防水车等；空中消防装备主要为飞机悬挂式储水装置和飞机机载储水装置。美国和加拿大在森林消防装备上的投资力度大，森林消防装备研发能力强，对森林火灾的管理和控制能力均位居世界各国的前列。这两个国家的地面消防装备大多以天然水源和人工水库为供水来源；空中消防装备则拥有大型森林消防飞机和森林消防直升机。

（一）背负式灭火水枪

背负式灭火水枪常见的有灭火水枪、细水雾灭火器、高压灭火炮等。灭火水枪射程较短，主要用于扑灭初发的森林火灾、弱度地表火，或者应用于清理火场和喷湿防火线。细水雾灭火器可以替代传统的泡沫灭火器和干粉灭火器，其原理就是利用高压的作用，使高压水流通过高精度的喷射头，喷射出直径小于 1 mm 的水珠，遇火后立即汽化，迅速降温。其灭火效率比普通的囊式灭火水枪提高了 200 ~ 300 倍，而且避免了大量用水，可用于扑灭中强度地表火的火头，也可用于清理粗大可燃物上暗火。灭火水炮则是利用高压喷射出强劲的“水团”，可用于扑打高强度火头。

（二）森林消防灭火水泵

森林消防灭火水泵由汽油发动机、单级离心水泵、排气装置、手抬架、吸水管、水带和水枪组成。我国南方水源丰富，非常适宜大力发展灭火水泵应对森林火灾。灭火水泵用的水源除来自天然的河流、湖泊、池塘和人工蓄水池外，也可以由多台消防车进行串联来实现远距离输送喷洒。目前灭火水泵的型号较多，其中功率为 5. 15 kW 的手抬机动水泵不但适用于在林区进行森林消防，还可应用于城市及工矿企业消防，可谓一泵多用。

（三）森林消防水车

消防水车主要是指载水消防车。车上装配有储水仓、水泵、消防水带和其他消防工具。除驾驶员控制车辆外，灭火时还需要水泵手和灭火手配合操作，在火场实施灭火任务时还可以完成多种任务，在森林消防中应用非常广泛。

国外森林消防车发展较先进的城市主要集中在欧洲国家、加拿大、美国和日本等国家和地区，他们将现代技术应用到森林消防车上，以增强消防车的功能，提高灭火效率。相比之下，国内森林消防车主要靠引进国外机型直接使用，或者参照国外先进机型进行改良设计。常见的森林消防车有两种：轮式消防车和履带式消防车。普通轮式消防车只能依托公路使用，而履带式森林消防车可以在山区复杂地形条件下作业，具有洒水灭火、碾压火线、开设隔离带、运送给养、绞盘自救等功能，在进行灭火作业时，可使用消火栓或其他消防车提供的水，也可使用河水、井水等。在美国、俄罗斯等国家和地区，还不同程度地应用到推土机、挖掘机等特种车辆。

（四）飞机以水灭火

飞机以水灭火可分为飞机洒水灭火和直升机载水灭火两种方式。飞机以水灭火在应对沟塘火、灌丛火、草原火和树冠火时效果很好；在我国一些居民稀少、交通不便的偏远林区和地面消防设施、人员不易到达的火场，飞机以水灭火也是重要的消防力量。不过在应对郁闭度较大的林内地表火时，由于树冠阻挡，灭火的效果不理想。利用飞机对森林火灾实施消防灭火是在20世纪50—60年代期间逐渐发展起来的，至20世纪70年代逐渐发展为应用直升机载水灭火，各发达国家在借助航空设备以水扑火的实战中总结了丰富的经验。

1. 飞机洒水灭火

目前，大型空中灭火飞机在加拿大和俄罗斯均已研制成功，但加拿大的CL-125型水陆两用飞机是目前世界上最为实用的一款水陆两用森林灭火飞机，在北美洲、南美洲和地中海地区都得到了应用，总计有70余架。该飞机上的主要灭火设施为灭火水箱、吸水装置和操纵装置。当飞机掠过水面时，依靠飞行冲力将水充入水箱，单向阀用以防止水倒流。如果飞机采用俯冲滑水方式吸水，8 s即可将10 t水吸入水仓内。该飞机喷洒的最大长度为300 m，宽度为30 m。如果几架飞机配合同时实施灭火，可迅速控制火场的火情。

2. 直升机载水灭火

直升机载水灭火是利用直升机悬挂吊桶或吊囊，飞至火场上空时释放吊桶中的水或化学灭火剂以达到灭火的目的。与大型空中灭火飞机相比，直升机载水量有限，但对水源条件要求低，只需深度大于0.5 m、直径为1～2 m的水源即可实现吸水作业。加满水的时间约为2 min，释放时间仅为0.5 min。直升机载水灭火不仅可以实施直接喷水灭火，更突出的是可向地面的预设蓄水池(折叠移动式)注水，供灭火水泵和灭火水枪使用。

三、国内外以水扑火技术前沿

（一）国内以水灭火技术前沿

随着全球气候变化，空气温度呈逐年升高之势，由此引发的森林火灾也对生态环境造成了越来越严重的危害。近些年我国的林火管理水平大幅提升，防火预测能力不断提高，消防装备也逐年升级。我国的森林消防部门已经装备有森林消防水车、大型空中灭火飞机等先进的森林消防装备，可以及时有效地应对部分林区发生的森林火灾。但在很多地形复杂、地势起伏又不利于开展航空灭火的山地林区，因为缺乏有效实用的消防装备，扑火队员只能使用简单落后的扑救工具应对森林火灾。所以，以水灭火的技术优势还没有完全展现出来，还无法成为扑救、应对森林火灾的主要灭火措施。为改善这种状况，进一步提升我国的林火管理水平，加强森林消防部门应对森林火灾的能力，我国需要加强以水灭火森林消防技术和装备的研发工作。

森林火灾发生后，如果仅仅依靠装备风力灭火机和“二号工具”①的森林消防队

① 森林灭火“二号工具”是指由手柄和橡胶条组成的扑火工具。

员通过人力进行扑救，不仅效率低下，而且风险很大。在一些火势较强的火场，森林消防队员根本无法靠近燃烧区域，只能在气温较低、相对湿度较大的夜晚和清晨才能向火场移动。这样就造成森林火灾在白天无法被控制和限制的局面，导致火场的面积急剧扩大，火灾的扑救成本也大幅上升。如果有适合于山地使用的便携式长距离供水灭火装备，将水直接喷洒到火头、火线上对森林火灾进行扑救，就可减弱火势并为森林消防队员创造扑火的有利条件，提升灭火效率。这就要求以水灭火装备应具有质量轻、体积小、能快速组装和拆卸的特点，可以在陡坡或其他复杂地形条件下搬运、装拆并进行林火扑救作业。因此，我国应增加以水灭火消防装备和技术的研究经费，鼓励相关设备生产厂家改进生产工艺。

（二）国外以水灭火技术前沿

国外许多国家和地区在林火扑救中，均选择“以水灭火为主，与点烧相结合；机械化为主，人力为辅”的扑火模式。国外在发生林火时，普遍采用大型森林消防机械作业为主，人力扑打小火为辅的形式。

美国林地地势较平坦，森林公路网发达，可由森林消防车直接开赴到达火场，以高压水枪直接喷水灭火。在林分疏密度较高的区域，根据实际情况，采用载水车辆、机动水泵、贮水池等设施远距离向火场提供水源，灭火水泵串/并联的方式推进式灭火。位于森林深处载具无法直接到达的区域，采用多架次航空机具直接飞往火场实行空中灭火。美国“消防之鹰(Firehawk)”直升机能运送15名消防队员，装备活动水箱，能汲取3 785 L水或灭水剂，能精确投放到灭火目标上。英国研制生产的海岛人“ISLANDER”飞机，能装载4个盛放高效灭火剂或水的容器，实施空中灭火，其最佳喷洒速度为120 km/h，高度为60 m，喷洒面积为100 m×30 m，每一次注满水或灭水剂的时间只需2 min，可频繁起降。“BE－200”水陆两用飞机具有多种用途，由俄罗斯塔甘罗克别里耶夫航空科技联合体设计，伊尔库茨克航空制造联合企业制造，可用于森林灭火和运输等领域，每次可向火灾点运送 32 t 水或灭火剂。日本研制成的直升机灭火吊桶，能和水上飞机一样，直接吸水、洒水，直升机不必改装成消防专用机，此类灭火吊桶一次都可装运 8 t 水，已装在 CH－47 大型直升机上试用。加拿大庞巴迪公司的 CL215/CL415 是目前使用最为广泛的灭火机型。CL215/CL415 飞机具有以下突出优点：能在 6 min 内快速出击；续航时间 4 h，续航距离 2 427 km；自主性强，飞行 4 h 后经 20 min 间歇又可投入工作；对飞行基地适应性强；保养要求低；灭火作业效率高，尤其是利用水面舀水灭火效率更突出。

四、以水灭火技术的发展热点

目前，世界各国在以水灭火中应用的消防装备和技术都有一定的局限性，特别是受天气、地形、植被和火灾强度的影响较大，很难发挥出应有的效果。林火管理水平高的国家和地区都在积极研发高效、实用的新型以水灭火消防装备，并且可与现有的消防装备配套通用，以更好地发挥作用。此外，还要探索新战法，努力提升以水为主多机具结合的作战实战水平，走机械化多战法结合灭火之路，提升灭火的效率。

（一）研制新型以水灭火装备

目前所有以水灭火装备都属于防御型消防装备，缺乏有效的向火冲击的扑火装备，故急需研制新型消防装备，特别是用于扑救大面积、高强度森林火灾的消防装备。

（二）以水灭火装备的通用化和标准化

为使现有的消防装备能够更好地发挥作用，应对现有的消防装备进行优化组合，使消防装备配套通用，大大提高灭火效率，降低灭火成本。制定统一的消防装备标准可以降低消防装备的成本，提高其互换性，改善其使用维修性能，提供形式多样的系列产品，使消防装备得以合理应用并降低森林消防人员的劳动强度。

（三）根据地域特点，建立和完善以水灭火配套方案

机械(或设备)系统是高效、经济地完成机械化作业的保证，建立以水灭火机械系统需要考虑的火场情况有：可燃物类型、地形、有无道路、水源及其与火场的距离等具体条件。根据这些条件和性能匹配的原则，选择各环节适用的机具和器材，可组成完整的以水灭火设备系统。在组建系统时，也可以考虑空中灭火与地面灭火配合，如用直升机和吊挂式水袋运水，供地面扑火队使用。

（四）积极研究新技术，走机械化多战法结合灭火之路

美国和加拿大在林火扑救预测预报等方面具有丰富的经验及技术，尤其在灭火水泵方面的研究走在世界前沿。我们可以适当借助引进先进的技术，不断创新森林部队以水灭火的装备和技术手段，努力实现人与装备的最佳结合，最大限度地提高和发挥各种扑火装备的工作效率，实现由单纯的以水灭火向风、水结合灭火的转变，全面提高灭火作战能力。

作者简介

舒立福，1966 年 12 月出生，研究员，博士生导师，中国林业科学研究院森林生态环境与保护研究所森林防火首席专家。主要从事森林火灾机理、火行为、火灾

监测、预防和扑救研究。在国内外期刊上发表论文76篇；出版专著5部；获梁希林业科学技术一等奖1项、二等奖3项。担任中国林学会森林防火专业委员会副主任，中国消防协会森林消防委员会副主任，全国森林防火标准化委员会副主任，中国林学会理事，以及《林业科学》《北京林业大学学报》《火灾科学》等期刊的编委。

城市困难立地生态园林发展及其在上海的创新实践*

张 浪

中国的城市化水平由1978年的17.92%上升到2016年的57.35%，预计2030年中国的城市人口比率将达到68.7%。世界上的城市虽然仅占全球面积的3%，但是深刻地改变了人类与其共存物种赖以生存的环境条件：快速城市化和工业化造成城市及其周边生态空间破碎化、生物多样性降低、污染物累积等生态环境"负面清单"增加，严重削弱了城市化区域的生态系统功能与服务水平，威胁到城市居民的身心健康和福祉。2015年召开的中央城市工作会议指出，我国城市发展已经进入新的发展时期，城市生态绿化是国土绿化的重要组成部分，是建设美丽中国、落实生态文明战略、更好满足人民日益增长的美好生活需要的关键内容之一，城市困难立地生态园林主要研究任务是聚焦新时代城市更新背景下建设用地转变为生态用地的问题、对策和途径。

一、城市困难立地的概念提出

薛建辉教授等人对"困难立地"概念的表述为：困难立地一般指沙地、砾石戈

* 2017年10月第三届上海国际自然周年会名人论坛上的报告。

壁、盐碱地、滩涂海岛、崩岗区、水土流失严重等自然条件差的土地，包括石灰岩裸露山地、受损山地边坡、交通干线工程创面等地方，需要投入大量的人力、物力改良立地条件，以及一定的工程措施辅助才能常规造林。城市发展是一个不断经历更新、改造的新陈代谢过程，当城市发展到一定阶段，城市更新就成为城市自我调节机制中的重要环节。发达国家在第二次世界大战之后兴起的“城市更新(urban regeneration)”概念，是 Peter Roberts 对英国城市地区以消灭贫民区和增加中心城区商业价值为目的提出的。随着 20 世纪 70 年代可持续发展理念的深入，城市更新理论和途径发展呈现多元化、多尺度特征，恢复城市中已经失去的环境质量和改善生态功能成为目标之一。

城市更新背景下的土地整治或土地利用变化，为提高城市生态系统安全格局和服务功能提供了契机。城市困难立地概念是针对在土地整治资源后开展生态园林建设而提出的。全国土地整治工作针对新型城镇化，要求提高土地利用效率和优化用地结构布局，以较少的土地资源消耗支撑经济社会可持续发展。到 2020 年，城乡区域整理农村建设用地 600 万亩，改造开发 600 万亩城镇低效用地，对老城区、城中村、棚户区、旧工厂、老工业区进行改造开发。重点开展长三角、珠三角、京津冀等 20 个城市群的城镇低效建设用地再开发，优化城镇用地结构，提高生态用地比例，扩大城市生态空间；对土壤、水体污染严重的区域进行专项治理；鼓励修复和合理开发利用废弃工矿用地，可因地制宜建设公园、绿地、科普基地等。

二、城市困难立地生态园林现阶段面临的问题和难题

早在 20 世纪 80 年代，以美国和英国为代表的工业发达国家在城市更新过程中，以城市规划学为主导，提出了“棕地(Brownfield Site)”这一概念。棕地的内涵在美国

和英国存在差异：棕地在美国主要针对旧工业地遗留的土壤污染问题；欧洲经济与棕地更新网络行动组(CAEBRNET)规定的棕地概念也强调了土壤受到污染，而英国并没有将棕地限定在污染场地。现阶段我国城市化已经进入“下半程”，大规模工业搬迁、旧城改造等土地整治过程中产生的污染场地和废弃地情况复杂，研究基础和实践应用较为薄弱，在内涵定量化界定、统筹监管、信息透明和关键技术等方面面临诸多的问题和难点。

一是内涵定量化和标准化薄弱。城市土地整治过程中新增的生态用地，对完善和增强城市生态系统服务功能具有积极作用，但现阶段生态学和规划学在微观层面的深度融合有待提升。当前的绿地系统规划重视“量”的扩大，忽视“质”的提升，而环境保护规划与空间关系较为薄弱。由于土壤污染问题越来越受到重视，对污染场地(尤其是重污染场地)的研究越来越多，形成了基于人体健康的污染物等级划分评价标准。但城市生态建设广泛存在的中度、轻度、非污染场地往往被忽视，制约了规划和修复中定量化和标准化的应用。

二是统筹监管和信息透明度不足。城市困难立地生态修复涉及的专业部门和利益主体比较复杂，监管职责模糊重叠，数据信息透明度不高，行业之间、行政区域之间的统筹协调力度不足。另外，由于城市生态系统服务功能、生态过程和生态系统整体等典型地域长期定位观测缺乏，导致市域、社区和场地等尺度下的生态指标、数据的时效性和灵敏性较低，造成生态控制指标越来越多、越来越复杂，反而造成了城市困难立地修复的难题。

三是关键技术系统性适配整合水平较低。城市困难立地修复关键技术方面，主要集中在局部环境的生态群落营造或者生态化设施方面，围绕单一技术阐述概念和原理较多；近年来东部沿海发达城市困难立地绿化建设中，如上海世博园区、迪士尼度假区等有影响力的案例，在场地尺度的固体废弃物资源化利用、土壤保护质量提升、近自然植物群落营建等方面进行了统筹应用，取得了一定影响力，但在城市困难立地生态园林理论和关键技术整体集成方面还有待进一步提高。

三、城市困难立地生态园林在上海的创新实践

近年来，上海围绕城市困难立地生态园林开展了三个方面创新实践工作：

一是城市绿化在生态环境方面存在的问题(表 1)。开展城市困难立地生态园林应用工作，首先要搞清楚城市化绿地的生态环境问题导向。我们采用政策德尔菲法引导收集来自规划、园林、水利、土地、环保、交通、农业、旅游等部门专家的相关问题需求、目标定位和功能。主要包括 3 类：①城市自然属性空间的生态系统自身健康和安全的问题，包括自身结构和功能的完整性，以及为多种生物提供栖息地的可能性；②城市自然生态系统为人类的社会经济过程提供服务的能力，包括旱涝调节、污染物净化、游憩、审美启智、特色景观等；③城市绿地建设和后续运营过程中资源循环利用、低成本维护，以及工期短和成景效果之间的矛盾等。

表 1　城市绿地规划与建设中的主要生态环境问题

类别	序号	城市主要生态环境问题	问题归纳和目标确定
景观生态空间结构	1	城市建设大拆大建，忽视自然生境保护与城市记忆保留	如何在城市化过程中合理保护自然生境和历史遗址，科学布局有限的城市生态空间，增强绿量和生态服务功能
	2	具有自然属性的城市空间景观破碎化严重	
	3	硬质化空间比重高、连接度大，城市热岛和内涝发生频率提高	
	4	城市自然属性生境均质化、简单化，生物多样性衰退	
	5	城市水泥森林特征显著，立体绿化空间开发不足	
植物与群落配置	6	地带性植物应用率低，外来物种引入导致养护成本高	如何在原有植物群落保护的基础上，优化新优植物与乡土植物比例，营建低维护群落和功能型植物群落
	7	植物群落配置结构不合理，单一追求美学视觉或景观主题效果	
	8	忽视功能型植物群落配置，如具有碳汇、降噪、导风、增负离子等功能的植物	
	9	场地原有植物群落遭破坏，已有绿地植物群落缺乏优化调整	

续表

类别	序号	城市主要生态环境问题	问题归纳和目标确定
土壤资源保护与利用	10	绿地土壤透气性差，容重高，建筑垃圾多	如何在原有城市表土资源调查和土壤污染程度的分级分类基础上，科学开展城市土壤保护利用、土壤修复与改良，夯实绿化基础
	11	养护施肥不科学，土壤营养不均衡	
	12	城市土壤污染严重，分类分级标准没有落实	
	13	城市整体缺土，客土绿化模式难以为继	
	14	表土受人为扰动严重，缺乏表土资源保护利用意识	
水域空间与暴雨径流	15	滨水空间遭侵占，河流廊道生境遭严重破坏	如何在城市化过程中保护和开发滨水空间，恢复河流廊道和汇水区自然排水功能，提高水域水质并维持生态系统多样性，加强雨水资源循环利用
	16	城市河道硬质化率高，阻隔游人亲水需求	
	17	水质差，水体受纳污染物负荷超出自然自净能力	
	18	水生生态系统关键组分缺失，健康生态平衡遭破坏	
	19	汇水区自然蓄排水能力被严重削弱，城市内涝频发	
	20	雨水资源利用率低且造成内涝、径流污染等问题	
废弃物循环利用与填埋场绿化	21	城市建设开发中产生巨量的固体废弃物，资源利用率低	如何在城市开发过程中利用各类废弃物，长期提高有机废弃物、可再生能源和环保材料等的循环利用率，实现垃圾堆体封场绿化
	22	垃圾堆体占据大量土地资源，封场绿化缺乏有效技术	
	23	有机废弃物循环利用率较低	
	24	可再生能源、绿色环保材料利用率低	
	25	大规模开展场地清表和绿地重建，缺乏保留生境和资源再利用	

二是定量化评估上海“已批未建”绿林地的立地质量特征。上海在2012年批复实施了首个城市全域基本生态网络规划，我们通过比对《上海市城市总体规划（2017—2035年）》中的2015年土地利用现状和2035年生态空间规划，发现“已批未建”绿林地在外环以内中心城区的部分，属于城市困难立地的达到87%以上；在外环以外城乡郊区的部分，属于城市困难立地的达到75%。目前，通过对上海市198 km^2待转型工业用地的土壤调查表明：以重金属和有机污染为主要污染物的污染超标地所占比例不超过30%，而大量的转型土地存在轻度污染，土壤结构被破坏和营养肥力薄弱是困难立地的主要问题。目前，上海市正在开展此类土地资源空间分布和立地质量特征的数据库工作，将为城市困难立地生态园林提供精准的科学依据。

三是城市困难立地生态技术系统集成与布局。城市绿地的生态功能和运行机制非常复杂，以生态可持续为目标的城市绿地生态技术应用必须基于整体系统论。国际景观学界认为，由于景观的复杂性，研究范式应从部分向整体发展，系统集成优化设计思维比掌握集中生态化设计方法策略更重要。城市绿地生态技术集成体是一个由众多类型生态技术组成的技术复合体，包括土壤、水环境性状、废弃物分类分级保护、资源化利用和生态修复等。在上海世博园区、迪士尼国际旅游度假区的规划设计阶段，我们开展了大型城市有机更新转型区绿地生态技术优选、分类与适配布局专项研究，初步实现了绿色基础设施和生态技术系统化集成应用，见图 1。

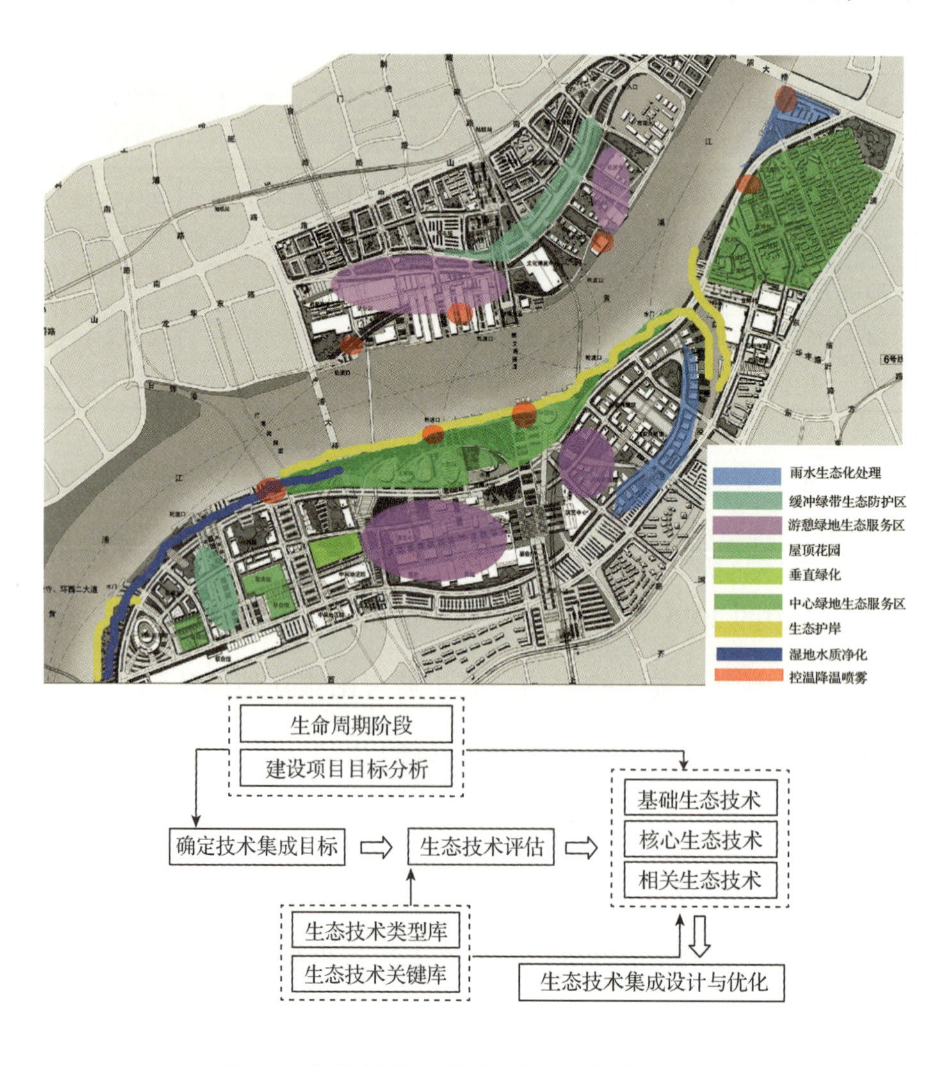

图 1　上海世博园区生态技术布局和集成优化流程

四、城市困难立地生态园林的实施对策建议

城市困难立地生态园林是新时代城市转型发展的探索性系统工程，如何在现有体制机制的基础上建立有效的实施对策成为重要命题，建议包括以下四个方面：

一是强化城市自然环境质量调查评估，建立共享数据等基础工作。完善整合分散在各部门的城市生态定位监测数据，形成标准化生态数据共享平台。

二是加强城市规划生态指标引导，统筹制定修复优先清单。研究城市生态安全格局构建情景下的生态关键指标体系，制定城市困难立地生态修复的优先等级清单，统筹协调生态修复与其他专项的关系。

三是构建城市困难立地生态修复和景观营建的理论和技术体系。建立城市化与区域生态耦合的城市困难立地修复和景观营建理论；重点开展水土质量快速监测网络、固体废弃物资源化利用、城市土壤修复再生、适生抗逆植物群落构建等景观营建关键技术研发，并通过标准化示范提高关键技术整体集成适配模式。

四是完善政府主导、公众参与的监管制度化顶层设计。建立城市困难立地生态修复监督考核制度，明确政府、企业、公众等各方面利益群体的职责定位和利益诉求；完善各级财政主导的生态修复资金投入，引导社会力量和资金推进城市困难立地生态修复。

作者简介

张浪，男，1964 年 7 月出生，汉族，上海市园林科学规划研究院院长，上海城市困难立地绿化工程技术研究中心主任，教授级高级工程师，博士，博士生导师，上海领军人才，享国务院津贴专家，全国优秀科技工作者，全国绿化奖章获得者，绿化市容行业“特聘专家”。长期从事生态规划和生态技术方面的科学研究、规划设

计工作。主持和参加完成国际合作、国家级、部省级、局级科研项目 40 余项。获省部级科技进步一、二、三等奖共 10 余项(含上海市科技进步一等奖 1 项，排名第 1)；获省部级专业科技奖 6 项，其中一等奖 4 项(其中 3 项排名前 3)；主持参加大型工程建设项目规划设计 100 余项，其中主持的项目获世界风景园林联合会(IFLA)杰出奖等国际奖 4 项。主持和参加撰写国家、省级技术标准规程 7 项。负责制定行业发展规划、管理办法 10 余项，其中已颁布实施 8 项。获国家发明专利 4 项。出版专著 20 余部，其中本人独著、主编或以第一著者参与撰写 7 部，作为副主编参与撰写 4 部。发表包括 SCI 收录在内的科技论文 110 余篇。

新时期杉木育种策略与思考*

何贵平

一、杉木育种策略和育种程序

杉木是我国南方林区重要的速生用材树种，杉木人工林面积占我国人工林面积的20%，木材蓄积量则占人工林蓄积量的26%以上。杉木育种以速生、优质和适应性较强为目标。杉木既能有性结实，以种子繁殖后代，又能无性繁殖生产苗木。针对杉木这一特性，我们采取有性育种和有性繁殖与无性系选育和无性利用并举的遗传改良方针；总结了我国杉木育种几十年来的工作，提出了杉木育种的策略及育种程序(图1)。

二、现阶段杉木育种所处的时期

1. 杉木育种进程

大部分省(自治区、直辖市)已进入到第三代遗传改良，并向第四代迈进。

* 2018年12月第三届全国杉木学术研讨会上的特邀报告。

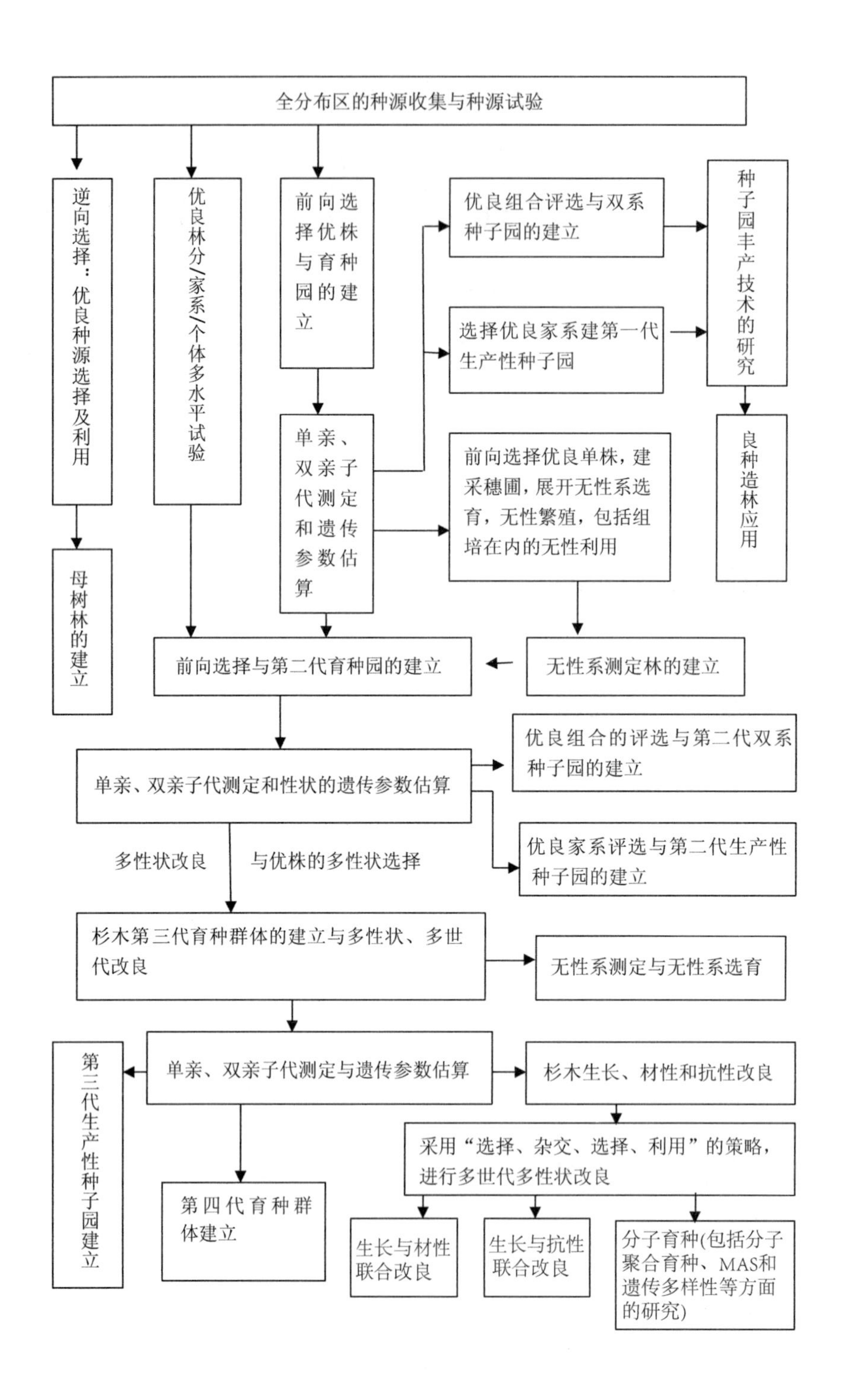

图1　杉木育种策略及育种程序

2. 杉木育种方式

有性育种(杂交育种)和无性系选育并举，同时开展分子辅助育种。

3. 杉木遗传改良性状

生长性状与材质性状联合改良，生长性状与抗逆性状联合改良。

4. 杉木材培育目标

培育目标为速生材、大径材和优质材。

5. 杉木造林地现状

基本是以杉、松采伐迹地更新为主，少有天然阔叶或针阔叶次生林采伐林地。立地条件与20世纪80—90年代造林地相比有较明显的下降，特别是杉木连栽现象较为普遍。

三、近些年来亚林所[①]开展的杉木育种研究工作

1. 建立杉木三代育种群体

2008—2010年，从杉木杂交试验林、第二代种子园子代测定林和无性系试验林中采用生长与材质并重的方法选择出优良单株，建立了第三代育种群体，并营建了第三代种子园和新的双系杂交种子园。

2. 杂交制种

从2013年开始，在第三代种子园中开展杂交制种，进行新品种的创制。

3. 红心杉育种

从2008年开始，引进红心杉种质资源，开展了普通杉木与红心杉的杂交，以及

① 中国林业科学研究院亚热带林业研究所。

红心杉无性系选育，营建了红心杉第二代种子园。

4. 杉木生长改良对不同世代材性的影响

研究了杉木生长改良对杉木第一代、第二代种子园子代材性的影响。

5. 杉木杂交亲本的选配方法研究

研究了杉木杂交育种时，如何选配亲本才能获得优良的杂交组合。

6. 杉木双系杂交种子园异交率研究

研究了杉木双系杂交种子园在不同无性系、不同年份、不同方位、不同小区间的异交率差异，以及与多系种子园异交率的比较。

7. 杉木种子园丰产主要技术措施

总结提出了杉木种子园丰产和提高种子发芽率的主要技术措施。

8. 杉木生长性状杂种优势的分子机理研究

采用转录组技术，从分子水平上研究了杉木生长性状杂种优势形成的机理。

9. 不同立地杉木家系生长差异研究

研究了不同立地杉木家系的生长差异，以及杉木连栽导致生产力下降的原因，并给出建议采取的营林技术措施等。

四、杉木生长改良对不同世代材性的影响

以浙江余杭长乐林场杉木第一代、第二代种子园家系子代测定林为材料，来研究生长改良对不同世代材性的影响。

1. 杉木第一代种子园家系子代林的遗传变异

杉木第一代种子园家系子代林数据为浙江富阳试验点 12 年生时。

从表1各研究性状中可以看出：家系遗传力大于(家系内单株选择时)单株遗传力。材积的遗传变异性大，其他性状的遗传变异性小。尤其是木材密度具有低的遗传变异性，遗传变异系数为3.94%；但具有高的单株遗传力，为45.0%以上。

表1　杉木第一代半同胞家系试验林的遗传变异

林木性状	遗传变异系数/%	表型变异系数/%	家系遗传力	单株遗传力
材积	16.21	45.60	0.837 3	0.379 1
树高	5.73	17.42	0.814 0	0.324 8
胸径	6.25	21.16	0.769 3	0.262 0
木材密度	3.94	10.15	0.796 7	0.452 0

2. 杉木第一代种子园家系子代林性状间的遗传相关

表2中生长性状间存在显著遗传正相关；而木材密度与生长性状存在复杂相关：木材密度与材积有一定的遗传负相关(−0.353 9)，而与胸径间有明显遗传负相关(−0.511 5)，木材密度与树高存在不显著遗传负相关(−0.135 5)。这意味着胸径生长越快的杉木，其木材密度越低。

表2　杉木第一代种子园半同胞家系性状间的相关系数

性状		树高 H	胸径 $D_{1.3}$	材积 V
$D_{1.3}$	P	0.686 2		
	G	0.784 9**		
	E	0.524 6		
V	P	0.839 7	0.961 5	
	G	0.919 6**	0.967 2**	
	E	0.690 8	0.955 3	
WD	P	−0.092 2	−0.375 8	−0.272 3
	G	−0.135 5	−0.511 5**	−0.353 9
	E	−0.046 1	−0.070 0	−0.063 4

注：上表中 WD 为木材密度；P、G、E 分别表示表型、遗传和环境相关；＊＊表示达到1%的差异水平。

3. 杉木第二代种子园家系子代林的遗传变异

杉木第二代种子园家系子代林数据为浙江余杭长乐试验点13年生时。

比较表1与表3可以发现：杉木第一代材料胸径的加性遗传变异系数(6.25%)与杉木第二代材料胸径加性遗传变异系数(5.90% ~6.76%)接近；杉木第二代材料木材密度的加性遗传变异系数(3.88%)，与杉木第一代材料木材密度加性遗传变异系数相比(3.94%)略有下降。

表3 13年生杉木第二代半同胞家系3个经济性状遗传变异

性状	表型变幅 PVM^+	遗传变异系数 $GCV/\%$	家系遗传力 $h_f^2/\%$	单株遗传力 $H_i^2/\%$
胸径/cm	12.16 ~16.81	5.90	62.39	—
优势木胸径/cm	14.90 ~20.86	6.76	76.1	26.32
优势木木材密度/(g · m^{-3})	0.277 5 ~0.350 0	3.88	63.16	38.34

注：胸径以小区平均值参与运算；PVM^+代表表型变幅。

另外，该点3个试验胸径与木材密度间的遗传相关的算术平均值为 -0.591 0。这一数值比第一代家系间(-0.511 5)的相关算术平均值降低了0.079 5，但两者差异不明显，即随着改良世代的推进，木材密度与胸径的遗传负相关有增加的趋势。建议在新建园材料选择时，采用生长和材质并重的方法进行，以提高材性质量。

五、杉木杂交亲本的选配方法研究

利用12个杂交组合和4个自交后代的杉木材积生长数据，通过采用等位酶技术和生理学方法，获得杉木亲本的基因型信息、光合速率和发芽种子的平均呼吸强度。然后研究亲本等位酶和生理性状的差异性，分别采用杂种优势群法和预测模型法来确定杉木杂交时的亲本选配模式。

1. **杂种优势群法**

杂种优势群法是先用聚类分析法对亲本群体进行类群划分，然后根据杉木细胞遗传学的研究结果，决定杉木杂交时亲本的选配模式。采用高光合速率(叶绿素含量)的亲本做母本，高呼吸速率的亲本做父本，可获得较好的杂交组合（同时亲本间还要有一定的遗传距离）。

2. **预测模型法**

预测模型法是从预测杉木杂交组合平均值表现大小的角度，提出亲本选配的方法。采用多元回归分析，来建立杂交组合子代的平均生长表现与亲本等位酶差异及生理指标间的预测模型，并用10年生的5个杂交组合的资料来验证预测模型的可靠性，结果发现预测模型是成功的。（相关文章已发表在《江西农业大学学报》2016年第4期上，可查看文章了解详细内容。）

六、杉木双系杂交种子园中异交率研究

杉木双系杂交种子园是利用优良杂交组合双亲的杂种优势，采双亲穗条嫁接而成的种子园，该种子园中异交率的高低，决定着杉木双系种子园的建园成败。

1. **研究方法**

本研究采用同工酶位点法进行，主要目标是估计群体水平多位点和单位点异交率，以及单株个体水平上的雌性异交率等参数。

2. **杉木双系种子园异交率在无性系间、年度间的差异**

杉木双系种子园个体雌性异交率在年度间差异不明显，但不同无性系的个体雌性异交率差异显著，见表4。

表 4　异交率在无性系间年度间差异分析结果

变因	自由度	*MS*	*F* 值	$F_{5\%}$(10, 41)
无性系间	10	0.074 217	2.339 5*	2.070
年度间	2	0.005 301	0.167^{NS}	
机误	41	0.031 723		
总变异	53			

注：* 表示 *F* 值达到 5% 的显著水平，NS 表示 *F* 值不显著，下同。

3. 杉木双系种子园异交率在无性系间、株内不同部位间的差异

无性系内不同方位间的雌性异交率差异不明显，无性系间明显，见表 5。

表 5　株内不同方位雌性异交率方差分析结果

变因	自由度	均方	*F* 值	$F_{5\%}$(6, 18)
无性系间	6	0.036 37	2.728 4*	2.66
方位间	3	0.022 53	1.690 7^{NS}	
机误	18	0.013 33		
总变异	27			

4. 杉木双系种子园在不同小区异交率的差异

无论是在多位点上，还是在单位点上，杉木双系种子园在各小区都具有较高的异交率，同时也有一定的差异，它与无性系组成、小区所处的环境条件有关，见表 6。

表 6　不同小区异交率的相对大小(括号内为标准误)

双系各小区	子代样本数/个	多位点异交率 t_m	单位点异交率 t_s
3	192	0.954 (0.191)	0.929 (0.135)
4	96	0.916 (0.080)	0.877 (0.069)
6	204	0.983 (0.020)	0.981 (0.007)
7	175	0.902 (0.212)	0.906 (0.211)
19	84	0.998 (0.005)	0.970 (0.015)

5. **杉木双系和多系种子园异交率相对大小的比较**

(1)研究结果为：杉木多系种子园的异交率为0.778～0.874。

(2)赖焕林等人[①]关于马尾松多系种子园的异交率研究结果为0.792。

(3)关于针叶树种多系种子园中的异交率估计值，国外的研究结果为：0.874～0.977。

(4)本研究结果中杉木双系种子园各小区平均异交率为：多位点异交率 t_m 为0.906，单位点异交率 t_s 为0.909。

(5)杉木双系种子园的异交率大小与国外针叶树多系种子园的异交率十分接近。也就是说，杉木双系种子园的异交率较高，种子的品质有保障，可放心使用杉木双系种子园的种子。

为此，亚林所制定了浙江省地方标准《杉木双系杂交种子园营建技术规程》，其他省份(自治区、直辖市)可参考使用。

七、杉木种子园丰产主要技术措施

杉木种子园除园址选择、初植密度、建园材料和配制外，种子园丰产的主要技术措施如下，可使杉木种子园种子发芽率达60%以上。

1. **早期树型管理**

嫁接后培育直立树干，绑扶。

2. **结实后施肥技术**

每年进行2次开沟施肥，分别为5—6月和8—9月，施肥量可根据树体大小而

---

① 赖焕林、王章荣、陈天华：《马尾松交配系统研究》，载南京林业大学森林资源与环境学院主编《面向21世纪的中国林木遗传育种——中国林学会遗传育种第四届年会文集》，1997。

定。每株施肥 200 ~400 g，以复合肥为主，也可用有机肥。

3. **人工辅助授粉**

在开花盛期，选择晴天中午，用鼓风机吹树冠下部雄花。

4. **中期树高控制**

在树木 5.5 ~6 m 处进行截顶，每 2 年进行 1 次。

5. **中后期密度控制**

适度间伐，保持园内树体间透光、通风。

6. **病虫害防治**

主要防治球果害虫(杉木扁长椿等)和树干害虫(白蚁等)。

八、杉木生长性状杂种优势的转录组分析

1. **目的**

通过研究杉木杂种 F1 的基因表达模式，来揭示杉木生长性状杂种优势形成的分子机理。

2. **方法**

以最新第二代杂种(龙 15 ×1339)及其相同林龄且都达到成熟期的亲本作为研究材料，采用 Illumina HiSeq 4000 高通量测序技术对不同生长势杂种 HF1(生长超优杂种)、LF2(生长低优杂种)和亲本(P1 和 P2)4 个样品组(均有 3 个生物学重复)，进行转录组测序结果间的比较。

3. **结果**

(1)12 组样本转录组测序共产生 clean reads 5.8E +08 条(约 86.24Gb)，总拼接长度 49,803,726pb，将 clean reads 在 6 个数据库进行 BLASTX 分析，比对结果产生

80 171 个基因。

(2)从亲代和子代不同样本组间，各挑选出100个差异表达极显著的基因，进行聚类分析，揭示出杉木杂种优势分子机理：杉木性状通常由4 ~6个的基因控制表达；有些性状是微效多基因控制；杂种优势的分子机理是超显性的。

(3)杉木杂种间生产力高低现象符合耗散结构理论：杉木超亲子代生长比低亲生长快，是由于超亲子代在不同的GO terms内和KEGG terms内的差异表达基因的分布处于不均匀、不平衡状态；低亲子代GO terms和KEEG terms的差异基因的分布趋于均匀、平衡状态。

4. **结论**

杉木杂种优势的分子机理使超亲子代的差异表达基因系统处于不均匀、不平衡状态，环境显著刺激了基因差异表达，调控了一系列与生长紧密联系的代谢途径，从而促进生长优势的产生。(相关文章将发表在2019年《林业科学研究》上，可查看文章了解详细内容。)

九、不同立地杉木家系生长差异研究

1. **材料与造林地**

利用营造在浙江余杭长乐林场和开化县林场的3年生杉木第二代种子园家系(21个+1个对照)区试验林，开展了不同立地杉木家系生长性状的差异、互作效应和适应性研究。

余杭长乐林场造林地为马尾松林采伐迹地，开化县林场造林地为杉木林采伐迹地。

2. 结果

杉木家系树高和胸径这两个生长性状在不同立地和同一立地的不同区组间表现出极显著性差异，树高性状在家系间表现出极显著差异，胸径性状在家系与地点间存在显著的交互效应，见表7。

表7　两地点3年生杉木家系树高、胸径联合方差分析结果
（按完全随机区组模型设计分析）

变异来源	自由度	树高		胸径	
		均方	*F* 值	均方	*F* 值
试验点	1	68.279 2	549.98**	351.920 0	596.15**
试验点内区组	14	0.670 7	5.40**	3.132 0	5.30**
家系	21	0.285 3	2.30**	0.831 8	1.41
家系×试验点	21	0.183 3	1.48	1.057 6	1.97*
机误	294	0.124 1		0.590 3	

注：**表示差异极显著；*表示差异显著。

两地点间树高和胸径的试验总平均值差异较大，余杭点（*H* 为 3.21 m 和 *D* 为 4.31 cm）明显大于开化点（*H* 为 2.33 m 和 *D* 为 2.31 cm），余杭点平均树高和平均胸径分别比开化点高出 37.77% 和 86.58%，见表8。

表8　两地点3年生杉木家系树高、胸径平均值

	余杭点杉木		开化点杉木	
	树高/m	胸径/cm	树高/m	胸径/cm
平均值	3.21	4.31	2.33	2.31
变幅	2.78～3.61	3.30～5.09	2.11～2.68	1.88～2.74
变异系数/%	5.59	9.60	6.93	11.03

3. 结论与建议

立地条件对杉木的生长有明显影响，特别是在杉木采伐迹地上再营造杉木林时，林分生长量有明显下降，主要原因是前茬养分消耗较大、土壤酸化、枯枝落叶量少且不易分解、后茬杉木养分需求相同等。

建议在杉木采伐迹地上营造杉木与阔叶树种(每年有大量的落叶量)混交林，或改为营造其他阔叶树种进行轮作，以及在中林龄时加大间伐强度，使林内透光，让林下长出杂灌，形成乔、灌、草复层林来改善林地土壤环境，提高土壤肥力，还可开展施肥等措施，从而提高林分生产力。

另外，选育高抗品种来适应现有的立地，这是育种工作者要做的工作。

十、杉木杂交育种与无性系选育实践

1. 杉木杂交育种

杉木第三代种子园中杂交试验(4×5 双因素交叉设计)造林3年生时结果(开化点，立地条件一般)：树高和胸径在组合间达极显著差异水平，且这两个生长性状在母本间也达极显著差异水平，同时树高性状在父母本间的交互效应也达显著差异水平，见表9。

表9　造林后3年生杉木杂交组合树高和胸径两个生长性状方差分析结果

变异来源	自由度	树高		胸径	
		均方	*F* 值	均方	*F* 值
重复	9	1.468 0	22.30**	7.361 1	21.42**
组合	19	0.281 1	4.27**	1.216 8	3.54**
母本	3	1.150 1	8.43**	5.010 9	9.45**
父本	4	0.063 6	0.47	0.431 7	0.81
母本×父本	12	0.136 4	2.07*	0.530 0	1.54
机误	171	0.065 8		0.343 6	

注：**表示差异极显著；*表示差异显著。

树高和胸径的一般配合力方差分量分别为74.18%和82.78%，均占70%以上，而其特殊配合力方差分量则为 17.0% ~25.0% 之间，见表 10。此杂交试验中一般配合力起到主要作用，特殊配合力起到次要作用，即母本的加性效应为主。

表 10　造林后 3 年生杉木杂交试验树高和胸径两生长性状方差分量、遗传力估算

性状	方差			分量		遗传力/%	
	σ_m^2	σ_f^2	σ_{mf}^2	一般配合力分量/%	特殊配合力分量/%	${h_B}^2$	${h_N}^2$
树高	0.020 3	0.000 04	0.007 1	74.18	25.82	29.34	21.76
胸径	0.089 6	0.000 05	0.018 6	82.78	17.22	23.96	18.83

4 个早期速生型优良杂交组合，3 年生时其平均树高和平均胸径分别为 3.44 m 和 4.43 cm（表 11），比杉木第二代种子园混种分别提高了 12.42% 和 24.44%，比福建洋口 061 无性系分别提高了 9.55% 和 26.93%，比福建洋口 020 无性系分别提高了 1.48% 和 9.38%。（相同试验材料在福建邵武 2 年生杂交林树高达 3 m 以上。）

表 11　造林后 3 年生 4 个速生型杉木杂交组合及对照树高和胸径值

组合	树高/m	胸径/cm
C25 – 3 × B109 – 3	3.49	4.66
C25 – 3 × B49 – 3	3.48	4.40
C25 – 3 × L15 – 3	3.41	4.33
C25 – 3 × B121 – 3	3.39	4.33
入选组合平均值	3.44	4.43
2 代混种（CK1）	3.06	3.56
洋口 020（CK2）	3.39	4.05
洋口 061（CK3）	3.14	3.49

2. 无性系选育

（1）无性系选育和采穗圃营建方法

杉木无性系选育就是在优良林分（试验林、示范林）中选择优良单株，或在苗期选择超级苗建采穗圃，再扦插繁殖或组培繁殖，形成无性系，并进行造林测定，选择出优良无性系大面积推广造林。采穗圃营建方式主要有换干式和压干式等，浙江开化试验点以换干式为主，福建邵武试验点以压干式为主。

(2)杉木无性系选育效果

浙江开化县林场从20世纪80—90年代就开始进行无性系选育，选择出一批优良无性系，并在生产中大面积推广造林，全场杉木造林70%以上采用优良无性系造林，20年生时每亩材积可达26 m^3，成效显著。

(3)红心杉无性系选育

从2010年开始，在开化县进行了红心杉无性系选育，已选择出7年生时平均树高为8.58 m，平均胸径为13.02 cm，平均单株材积为0.064 6 m^3，平均木材密度为0.342 5 $g \cdot cm^{-3}$的优良无性系。材积和木材密度比开化县当地两个优良无性系(审认定良种)试验对照平均值分别高出了35.15%和9.67%。

十一、浙江庆元县庆元林场杉木大径材培育

浙江庆元县庆元林场于20世纪80—90年代营造了大面积的杉木人工林，现培育出杉木大径材林分1万余亩，30年生时每亩蓄积量达30 m^3 以上，主要措施有：

(1)利用良种造林；

(2)选择在较好的立地上培育(立地指数达到16及以上)；

(3)适时、合理间伐(2次以上，间小留大)，最后每亩保留株数为50～70株；

(4)适当施肥(间伐后进行)。

个人简介：

何贵平，男，1962年10月出生，汉族，中国林业科学研究院亚热带林业研究所研究员，中国林学会杉木专业委员会副主任委员，杉木国家创新联盟副理事长。

长期从事杉木及亚热带阔叶树种等树种的育种和培育研究工作。获省部级科学技术奖二等奖 2 项、三等奖 2 项，梁希林业科学技术奖一等奖 1 项，中国林科院重大科技成果奖 1 项。发表论文 50 多篇，主编出版杉木育种专著 2 部，选育省级良种 7 个，制定省级标准 2 个，获得国家发明专利 1 项。

四川森林康养发展报告*

张黎明

森林康养今天已作为农业供给侧结构性改革和乡村振兴的重要新兴业态，在全国范围内被广泛普及和推广。本文就森林康养概念的产生与发展、发展森林康养的现实意义，以及四川森林康养发展取得的成果、面临的问题和对策进行报告，供同行们批评指正。

一、森林康养概念的产生与发展

（一）森林康养概念的由来

“康养”这个词汇在中国早已有之，但“森林康养”则不然。互联网检索显示，2014 年前中国没有“森林康养”一说。“森林康养”的概念从我们切身经历者的角度来说，是原四川省林业厅副厅长马平带队参加国家林业局对外合作项目中心主办的“森林疗养国际研讨会”后，组织学习、研究和借鉴日本、韩国、德国等国家“forest therapy”的理念，结合中国传统文化和现实发展需求，创新提出的一个新概念。这一概念通过新闻发布会于 2015 年 4 月正式对外发布。这既是四川林业人的创造，也是

* 2018 年 9 月海峡两岸首届森林康养学术研讨会上的特邀报告。

我国林业人集体智慧的结晶。

我国创新提出“森林康养”概念而不沿袭使用“forest therapy”的中文译名“森林疗养”的初衷，出于至少4个方面的基本考量：其一，因为森林疗养从字面理解牵涉医疗卫生等诸多方面高要求的专业知识背景和诸多医疗卫生行业的法律法规、专业技术规范和专业技术人员要求，事业门槛高，不易于作为生态服务业和健康服务业领域的新业态进行普及、推广和培育；其二，从消费文化心理来说，森林康养较之森林疗养更容易被人们认知和接受，普适性强，易于培育消费市场；其三，森林疗养的“疗”让人产生“疗效”等联想，很容易使人在产品与服务的营销宣传和现实供需理解上产生歧义而导致社会矛盾；其四，随着国内外森林医学实证研究的不断深化发展，不排斥使用相关科研成果开发出具有更高科技含量的森林康养产品与服务。

森林康养已成为当下我国的网络热词，成为社会各界积极参与发展的一个战略性新业态。这一重要结果充分表明了森林康养得以在我国产生和被广泛推广的客观必然性，以及顺应我国人民美好生活需要的高度契合性。

（二）森林康养概念的发展

森林康养这一概念从被首次提出到现在已发生了很多变化。2015 年，四川省首次发布森林康养这一概念时，从多个维度定义了森林康养，提出“森林康养是以丰富多彩的森林景观、沁人心脾的森林空气环境、健康安全的森林食品、内涵浓郁的生态文化等为主要资源和依托（载体），配备相应的养生休闲及医疗、康体服务设施，开展以修身养性、调适机能、延缓衰老为目的的森林游憩、度假、疗养、保健、养老等活动的统称”。2016 年 5 月，《四川省林业厅关于大力推进森林康养产业发展的意见》以政府文件的形式定义“森林康养是指以森林生态对人体的特殊功效为基础，以传统中医学与森林医学原理为理论支撑，以森林景观、森林环境、森林食品及生态文化等为主要资源和依托，开展的以修身养性、调适机能、养颜健体、养生养老等为目的的活动”。随着森林康养在各地的推广，湖南、贵州等省结合本省实际，对森林康养的概念进行了不同内涵的解读。2018 年，国家林业局发布的行业标准《森林康养基地质量评定》，将森林康养定义为“以促进大众健康和预防疾病为目的，利用森林生态环境资源，充分发挥森林生态系统环境因子的康体保健作用，开展有助于人们放松身心，调节身体机能，促进(维持)身心健康的活动总称”，首次在国家层面上界定和统一了森林康养的概念。

笔者认为，森林康养就是依托森林等自然生态资源开展的促进人们身心愉悦、益智益康、养生益寿、养老享老等所有活动的总和。不管如何定义森林康养的概念，“森林”和“健康”这两个关键内涵是根本，缺一不可，“森林”是森林康养活动的前提和森林康养业态的资源要素，“健康”是森林康养活动的根本目的和森林康养业态的核心价值，概念万变但本质内涵应不离其中。

（三）相关概念比较

国内外与森林康养相似的概念有很多，各有特色和侧重。笔者曾将与森林康养相关的系列概念进行简要对比后发现，这些概念在促进人类身心健康方面具有一定共性，见表 1。可以预见，随着森林康养产业的深化发展，还将产生更多立足森林、服务健康的跨界概念，森林康养概念本身的内涵和外延也必将更加丰富。

表 1　森林康养与相关概念对比

概念	基本含义	直接目的	功能效果
森林康养	以森林对人体的特殊功效为基础，以传统中医学与森林医学原理为理论支撑，以森林景观、森林环境、森林食品及生态文化等为主要资源和依托，开展的以修身养性、调适机能、养颜健体、养生养老等为目的的活动	修身养性，休养生息，调适机能，养颜健体，养生养老	增强身心健康，实现延年益寿，促进健康养老

续表

概念	基本含义	直接目的	功能效果
森林疗养	利用特定森林环境和林产品，在森林中开展森林安息、森林散步等活动，实现增进身心健康、预防和治疗疾病目标的替代治疗方法	作为替代疗法，治疗精神和心理疾病，调理改善精神和心理状态，使人恢复应有健康水平	促进心理、精神健康和身体健康
森林养生	利用森林优质环境和绿色林产品等优势，以改善身体素质及预防、缓解和治疗疾病为目的的所有活动的总称	改善身体素质，强化身体机能，增强免疫力，强化生命力	促进身心健康，实现延年益寿
森林保健	利用森林环境和系列综合性措施开展的保护和增进人体健康、防治疾病的活动	调理身体机能，改善心理状态	维护身心健康
森林浴	吸收森林大气，通过五种感官感受森林的力量	呼吸森林大气，吐故纳新，产生治疗效果，有益于身体健康	促进身心健康
森林休闲	利用森林环境和设施进行各类玩耍、娱乐、游憩等的方式	放松身心，恢复体能和精神	维护身心健康
森林度假	利用森林环境和配套设施消磨、度过非工作时间的方式	完成对非工作时间的消费，放松身心	改善身心健康状况
森林(生态)旅游	以森林生态景观等为主要吸引物开展的旅游活动	饱眼福，满足好奇心，释放心情，体验自然，学习森林自然知识	修身养性，调理身心，提升智慧
森林运动	利用森林环境开展的系列肢体活动	收获快乐，增强体魄	促进身心愉悦，增进身心健康

二、发展森林康养的重大现实意义

（一）森林康养是践行“两山理论”的生动实践

1989 年以来，四川省先后启动推进“绿化全川”和“大规模绿化全川”行动。1998 年和 1999 年，四川省先后在全国率先启动实施天然林保护工程和退耕还林工程。截至目前，四川省森林覆盖率已达到 38.83%，建成森林和野生动物及湿地类型自然保护区 123 个、森林公园 137 个、湿地公园 64 个。四川省“绿色本底”非常深厚，生态空间显著扩展。森林康养作为协调四川省生态保护与绿色发展的现代服务业综合体，在不破坏森林等自然资源、巩固和深化天保工程与退耕还林工程等系列国家生态工程成果的前提下，有效地兼顾了生态、经济和社会三大效益，生动实践和印证了“绿水青山就是金山银山”这一哲学论断，被社会各界普遍赞誉为“两山理论”的最佳实践。

（二）森林康养是建设“健康中国”的重要路径

2016 年 8 月，习近平总书记在全国卫生与健康大会上指出：“没有全民健康，就没有全面小康。要把人民健康放在优先发展的战略地位”，并强调“预防为主”。2018 年，习近平总书记在博鳌亚洲论坛上再次强调“要做身体健康的民族”。美国、德国、日本和韩国等发达国家依托森林开发的服务国民健康的产业十分成熟，尤其是在发挥森林特殊功效、减缓老年病症状、术后康复、“治未病”、强身健体等诸多方面产生了显著的经济效益和社会效益。大力发展森林康养，是服务人民日益增长的美好生活需要、增强人民体质、构建全面小康的健康基础，是当代人的时代担当和历史责任，是绿色发展视角下“健康中国”建设和美丽繁荣和谐四川建设的必然选择。

（三）森林康养是推动“乡村振兴”的重要抓手

党的十九大提出实施乡村振兴战略，为新时代乡村发展提出了新的、更高的战略要求。四川省是全国第二大林区，集体林面积达 1. 64 亿亩，占全省林业用地面积的 45. 56%，涉及乡村人口数量众多。调研表明，森林康养和以森林康养为主体的生态康养，对乡村经济收入的贡献日益增长，如 2017 年汶川市水磨镇近 45% 的乡村经济收入的 70%（个别高达 90%）以上来自于森林康养。森林康养正在乡村各地不同程度、不同形式地被实践着，作为产业抓手在推动乡村振兴中的作用和潜力日益显现。

三、四川森林康养发展的主要成果

四川省坚持“政府主导、市场主体、社会参与、共建共享”的推进机制和“四梁八柱”的结构理念，积极推进、科学布局全省森林康养产业发展，取得了 3 个方面的主要成果。

（一）“四梁八柱”架构初步形成

四川省出台了全国首个省级森林康养产业发展意见、森林康养“十三五”发展规划、生态康养发展实施方案、森林康养基地评定办法、森林康养人家评定办法、森林康养新业态考评办法和森林自然教育基地评定办法；发布了《森林康养基地建设 资源条件》《森林康养基地建设 基础设施》《森林康养基地建设 康养林评价》3 项地方标准，并将“康养步道标准”纳入 2019 年发标计划；建立了省级森林康养基地评定机制、全国森林康养试点单位申报评定机制、森林自然教育基地评定机制、森林康养新业态示范县建设机制和森林康养人家评定机制，并在全国率先设立了“森林康养月”和“生态康养日”宣传普及机制；成立了四川省林学会森林康养专委会和全国首个市级森林康养协会。

（二）示范创建成效显著

截至 2018 年 9 月，四川省评定省级森林康养基地 223 处，获得全国森林康养基地试点单位 52 处，创新评定省级森林康养人家近 500 个、省级森林自然教育基地 70 处（其中 32 个森林自然教育基地被授予“青少年森林自然教育实践示范基地”称号）、森林康养国际合作示范基地 11 处，打造森林康养步道近 2 000 km。洪雅县被评为全国森林康养示范县。全省 50 余个县（市、区）森林康养新业态培育通过省农工委新业态创建考评。四川省区划确立了大峨眉国际森林康养示范区、攀西国际阳光康养示范区、秦巴山区森林康养示范区、乌蒙山区森林康养示范区。森林康养走廊建设计划也相继启动。

（三）社会参与日益深化

截至 2018 年 9 月，四川省累计举办和参加国际性、全国性和地区性森林康养平台活动 100 余场次；成立了四川森林康养产业联盟，成员已由首期 19 家企业发展到 24 家；成立了四川省林学会森林康养专委会，绵阳、攀枝花等市成立森林康养或阳光康养协会；首个 PPP“农旅 + 康养”15 亿元项目落地洪雅县；开展森林康养的农户达 3 万户；社会资本投入森林康养产业突破 1 400 亿元。此外，四川省森林康养基地医学实证研究、森林康养培训和森林康养学科建设不断增强，四川农业大学面向本科学生开设了森林康养概论课程。

四、问题与对策

（一）主要问题

1. 对森林康养认知不够

各级党政及相关部门对森林康养服务乡村振兴的重要性的认识还不够；森林康养经营主体等在具体森林康养项目，尤其在森林康养设施建设和产品开发上缺乏专业认知，对森林康养相关资源利用、产业模式、发展前景、发展路径等的认识还比较模糊。

2. 奖补和用地政策滞后

各级政府和相关部门引导社会发展森林康养的财政奖补机制缺乏，金融资本参与不足；森林康养发展用地方面，虽然国家和省(自治区、直辖市)两级已出台相关政策，但现实可操作性不强，森林康养项目落地困难。

3. 科技人才支撑严重不足

四川省乃至全国对森林康养的实证研究才刚刚起步，缺乏应有的科研成果支撑，这对森林康养产业发展产生了制约；同时，森林康养相关学科建设和培养培训机制还没有建立，森林康养产业培育的专业型人才十分缺乏，专业人才认证体系更没有建立。

（二）对策建议

为有效推进四川省森林康养产业健康有序和务实发展，结合贯彻国家林业和草原局、民政部、国家卫生健康委员会、国家中医药管理局四部门联合下发的《关于促进森林康养产业发展的意见》，建议四川省抓好以下 5 个方面的工作：

1. 完善政策支撑

研究出台操作性强的森林康养相关产业政策，解决用地瓶颈和资金奖补等现实问题。

2. 强化宣传普及

持续利用年会、研讨会、森林康养宣传月等形式开展森林康养科普宣传和普及。

3. 加强科研实证

加大对森林康养科研课题的支持力度，加强森林康养学术与医学实证研究。

4. 积极培养人才

依托四川农业大学等国内高等院校，大力培育森林康养专业人才，同时强化森林康养从业人员的在职培训，强化对卫生健康系统从业人员森林康养的知识培训。

5. 优化示范创建

在持续推进示范单位创建的同时，突出重点，优化森林康养典型示范单位的培育和建设，培养森林康养发展典型和地理品牌。

作者简介

张黎明，男，1965年9月出生，汉族，发展管理专业硕士，高级工程师，现任四川省林业和草原局科研教育处处长、四川省林学会森林康养专委会主任。他牵头森林康养、森林自然教育等新业态的创新推进，是林业治山、森林(生态)康养、森林自然教育、森林康养人家、森林康养月和生态康养日等新概念、新业态和新机制的主创者、倡导者和推进者。

亚热带人工林生态化学计量特征及其经营技术集成研究*

陈伏生

我国人工林面积为0.69亿 hm^2，位居世界第一，但人工乔木林每公顷蓄积量仅为52.8 m^3，生产力低下且大部分结构简单、稳定性差，远不能满足国家木材安全和生态安全需求。基于现有立地条件，如何有效提升人工林的生产力和服务功能，是我国人工林面临的核心问题。在适地适树和良种良法等基本原则的指导下，如何应用新思路、新工具来完善人工林培育和经营的理论，创新培育和经营技术，是解决当前人工林面临各类挑战的关键问题。

2017年10月，中共中央办公厅、国务院办公厅印发了《国家生态文明试验区（江西）实施方案》，这标志着江西试验区的生态文明建设进入了快车道。江西是我国著名的革命老区，是我国木材生产重要战略储备基地和区域生态安全屏障的关键带，如何发挥江西生态优势，使绿水青山产生巨大的生态效益、经济效益、社会效益，这是国家在生态文明建设背景下赋予江西林业的新使命。习近平总书记指出："我们既要绿水青山，也要金山银山。宁要绿水青山，不要金山银山，而且绿水青山就是金山银山。"发展现代林业，建设生态文明，是关系人民福祉、关乎民族未来发展的长远大计、根本之策。近30年来，通过退化植被恢复和困难立地造林等措

* 2018年6月第十三届中国林业青年学术年会上的主旨报告。

施，使江西森林覆盖率由31.5%提升至63.1%，居全国第二，但仍面临生产力低、立地条件差、人工林纯林面积过大、森林生态系统服务功能低下等突出问题。可见，人工林在国家生态文明江西试验区建设中具有举足轻重的地位，但培育和经营理论、技术创新势在必行。

适地适树和良种良法是人工林培育的两大根本原则。而生态化学计量学从元素计量的角度来探讨生命运动的内在规律，从元素组成及比率动态平衡的角度来研究生物与环境的关系。它通过有机体内元素含量及比率关系，将生物的生长发育、健康状况、行为方式、生态系统动态、生态环境变化等多层次、多学科的问题联系起来，现已成为生物学、生态学等领域最流行的理论之一。近年来也受到了林业工作者们的广泛关注和应用。生态化学计量学主要通过化学计量内稳性假说（在环境化学元素组成发生变化时，生物有机体可通过一系列生理或行为调节以保持其元素组成的相对稳定）、生长速率假说（有机体生长速率与其体内元素化学计量比率紧密联系，如高生长速率往往对应高N/C、P/C和低N/P）和生物元素内平衡需求与环境供应间的适配与错配假说，将不同层次的生命活动和生态过程统一起来，可用于度量和评价生态系统的运行状态及健康水平，指导森林培育与经营。

在人工林培育及经营等领域的基础研究中，已发现林地土壤养分含量及其比例、树木体元素含量及其比例、凋落物元素含量及其比例，以及以上生态系统组分生态化学计量相关的过程，如养分转化、养分回收、养分释放等，与森林生产力和服务功能关系密切。研发人员也基于林地立地条件、树木养分需求、残落物管理等，提出了平衡施肥、树种选择、凋落物管理、林分结构调整等众多森林培育及经营技术，为我国人工林的发展奠定了坚实的基础，但尚未形成一个集林木基础生物学、森林培育及经营和生态系统管理于一体的养分元素动态平衡调控的统一化理论，限制了人工林培育和经营理论的发展和技术创新。

一、亚热带人工林的地位和面临的主要问题

（一）战略地位

1. 全球独特的生态系统

中国的亚热带森林是北回归沙漠带上的绿洲，在全球陆地生态系统中具有独特的地位。

2. 南方木材战略储备基地

《全国木材战略储备生产基地建设规划(2013—2020 年)》明确了位于亚热带区域的江西、福建、广西等省(自治区、直辖市)是南方木材战略储备基地。这对于解决我国每年约需10 亿 m^3 木材，但 50% 依赖进口的矛盾，具有重要的意义。

3. 国家生态文明试验区

2016 年 8 月，中共中央办公厅、国务院办公厅印发了《关于设立统一规范的国家生态文明试验区的意见》，江西省与福建省、贵州省一同被确定为国家首批生态文明试验区，这也进一步明确了江西省林业发展的新使命。

（二）江西省人工林面临的主要挑战

过去 35 年，江西省有林和有绿的林业发展的大事已经解决了，但面临的挑战仍然很多，主要问题为单位面积蓄积量低、立地条件差、纯林比例高、服务功能弱等，见图 1。当前江西省林业发展的出路和机遇就是对接国家战略，创新理论技术，提质量增效益。

图 1　我国亚热带森林存在的主要问题（以江西省为例）

二、生态化学计量学的理论研究和应用进展

（一）理论基础

20 世纪 80 年代以来，关于生态化学计量学的研究开始启动。2002 年，Sterner 和 Elser 出版了专著《生态化学计量学》，围绕 9 个公理、7 个定理、2 条理论（动态平衡理论、生长速率理论）等开展了相关研究，见图 2。随后，相关研究出现了井喷式增长。

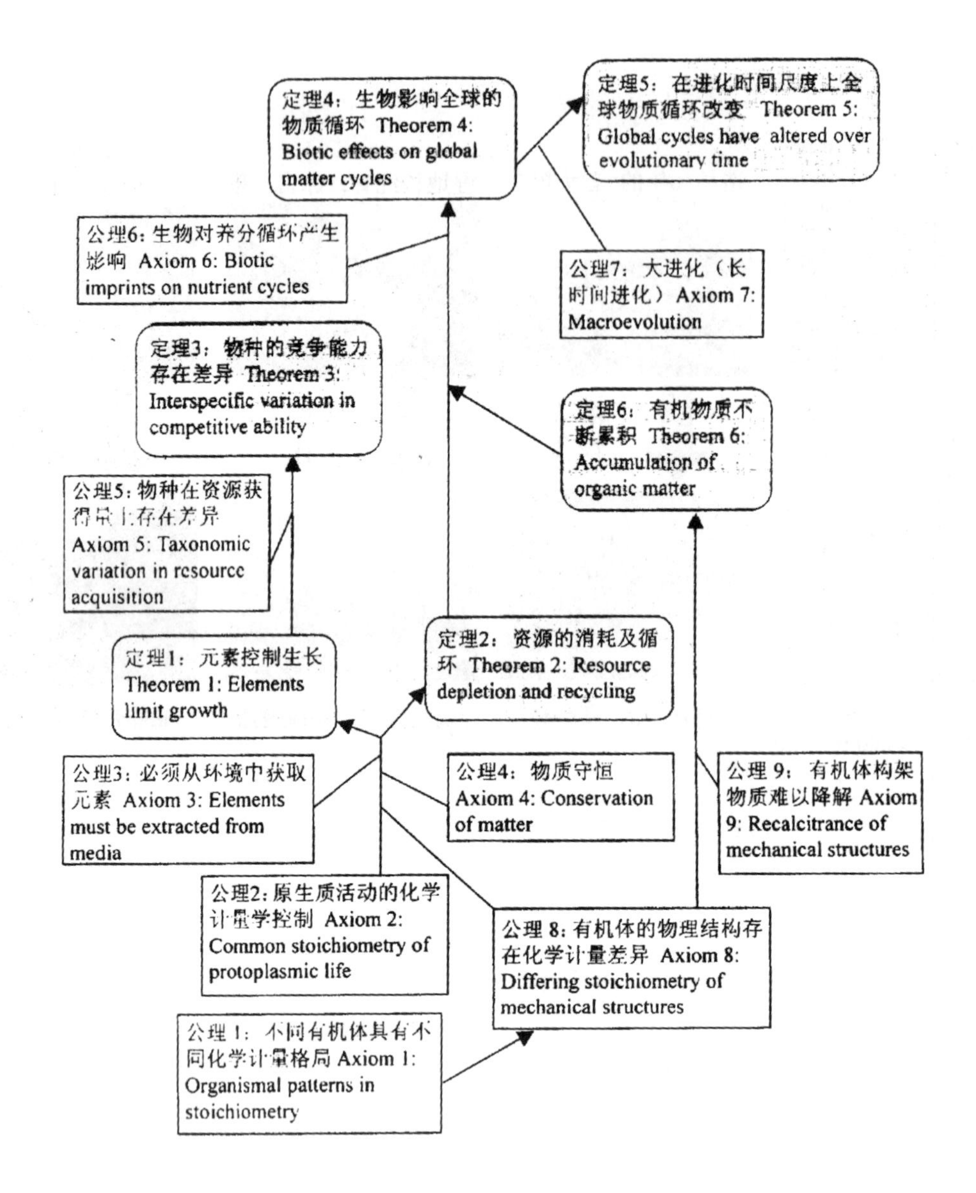

图 2　生态化学计量学的基本理论框架（曾德慧 等，2005）

（二）应用进展

生态化学计量学主要围绕时空分异规律及影响因素辨识、生物体计量比与生长速率的关系、生产力的限制性营养元素判定、环境因子驱动生态化学计量动态等开展了卓有成效的工作。但目前来看，从生态学新理论、新思维、新工具到应用技术的转变还有待探索。

（三）发展需求

人工林培育的目的是呼应国家生态文明试验区建设、南方丘陵山区生态安全屏障和南方木材战略储备基地等国家发展战略的需求，解决为民生林业与生态林业两轮发展的行业需求，开展适地适树和良种良法等培育理论与生态学前沿相融合的理论创新研究。

人工林培育的技术发展的突破包括：用材林养分限制性与平衡施肥技术、用材林养分归还与残落物管理技术、防护林主要树种养分利用属性与选择配置技术、防护林地下 – 地上关联互作与结构调整技术。从森林用途上可划分为用材林高产多能的生态化学计量培育理论与地力维持技术和防护林增效强康的生态化学计量经营理论与结构优化技术。

三、杉木林生态化学计量特征与地力维持技术应用

（一）研究背景

我国人工林生产力仅为世界平均水平的 40%，杉木是我国特有的最重要的速生用材树种，实现杉木林高产多能是解决我国人工林目前主要挑战的突破口之一。

（二）研究方案

针对用材林面临的主要问题，结合杉木林的经营现状，重点布设氮磷施肥长期试验平台、残落物和林下植被管理试验平台、杉木纯林和混交林的野外调查监测平台等，开展土壤、树木个体和生态系统养分循环、生产力形成和维持等方面的研究，见图 3。

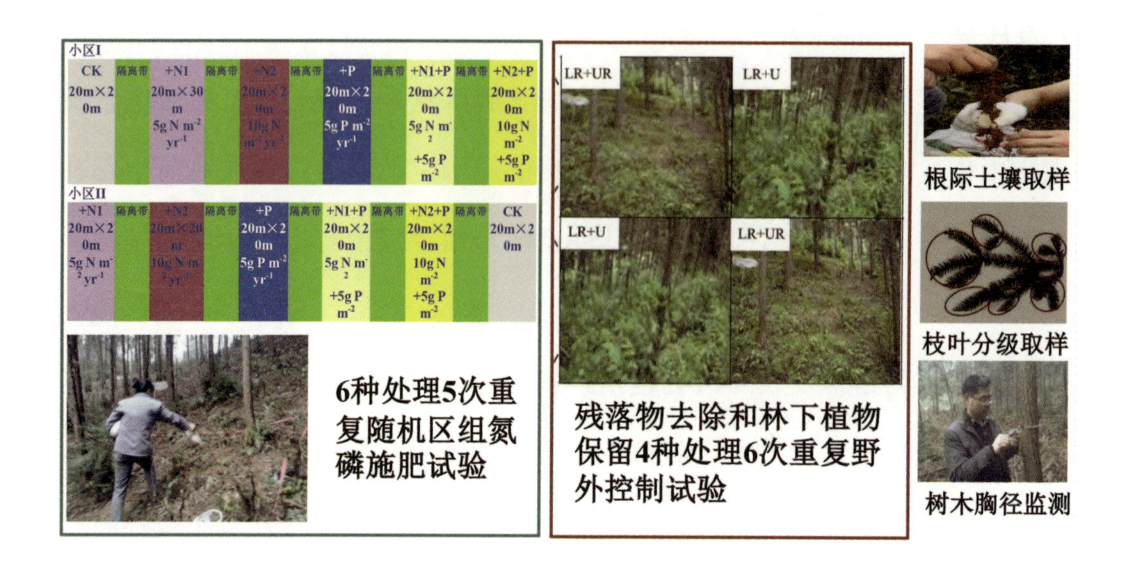

图 3　杉木林野外长期试验平台

（三）主要发现

1. 杉木林的养分限制性

通过控制试验平台，发现氮添加仅能提高幼叶中氮的浓度；磷添加不仅能提高幼叶幼枝中氮的浓度，还能提高所有组织中磷的浓度；幼叶氮磷比稳定，而其他组织均因磷添加而降低，见图 4。基于此，推断出杉木林主要为磷限制的生态系统。

2. 根叶凋落物和施肥管理对杉木林土壤生物的影响

通过野外长期试验平台监测，发现凋落物输入影响土壤微生物网结构，但施肥降低了凋落物对微生物网结构的影响程度；根系分解与细菌显著相关，而凋落物分解与真菌显著关联，见图 5。因此可推断出，凋落物分解与土壤微生物群落的关联受养分添加的控制；残落物分解受氮磷肥效应的影响。

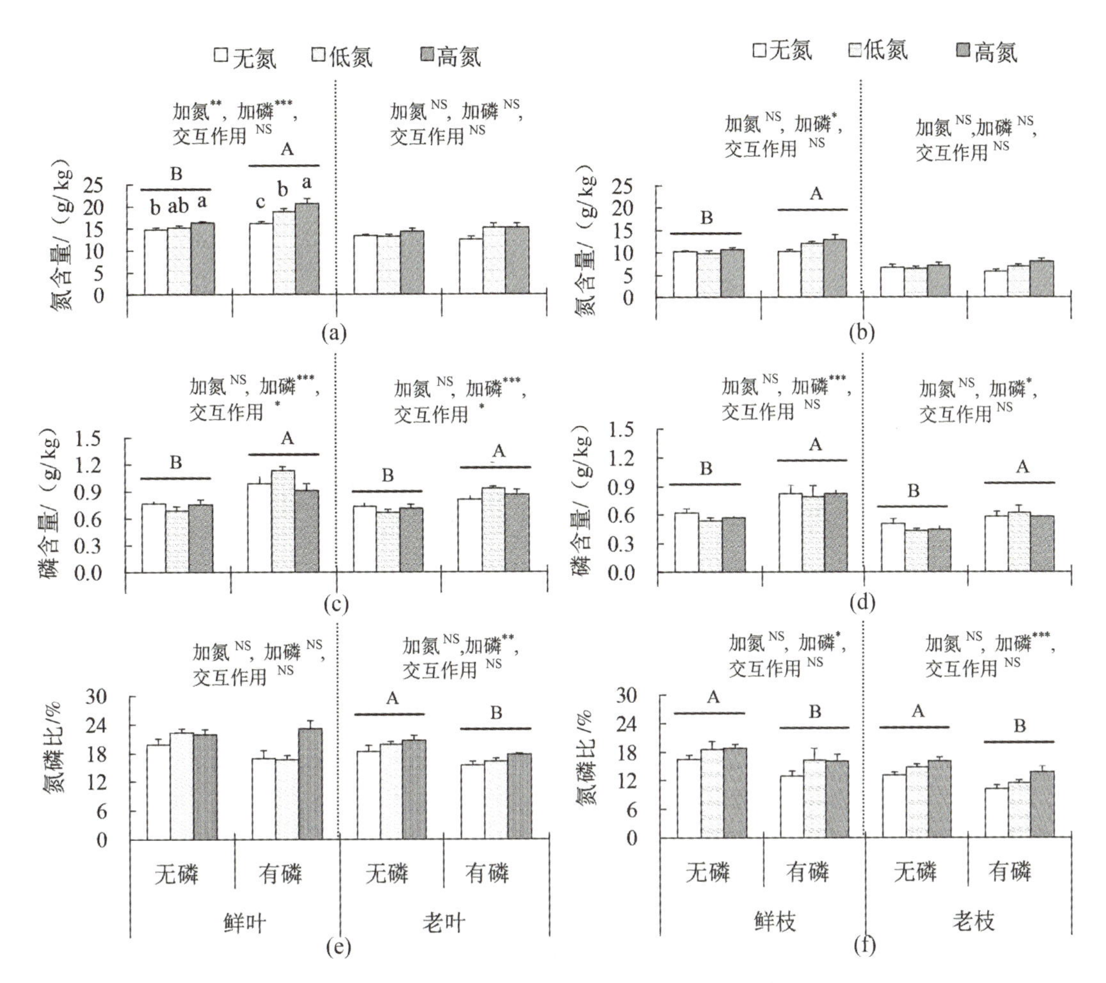

图 4　氮、磷添加对杉木不同年龄枝叶养分及化学计量比的影响（Chen et al.，2015）

（注：NS 表示差异不显著；＊表示 $P<0.05$，＊＊表示 $P<0.01$，＊＊＊表示 $P<0.001$。）

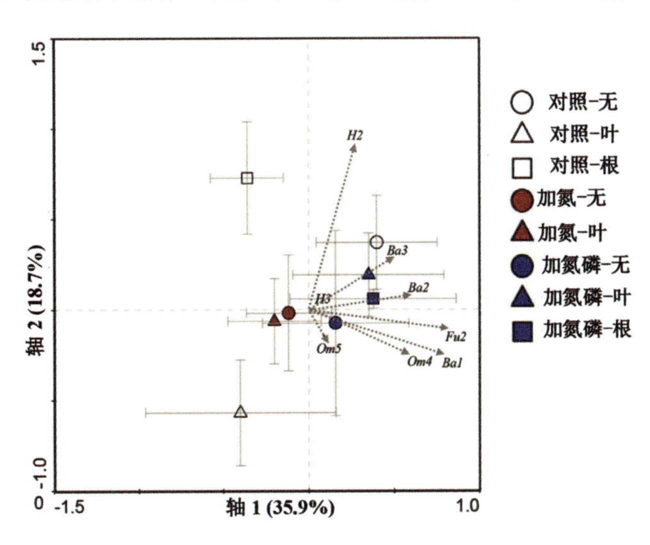

图 5　根叶凋落物和施肥管理对土壤微生物多样性影响的冗余分析（Fu et al.，2017）

（四）技术集成示范

基于试验平台的基础理论研究，结合用材林培育中立地选择、造林方式、抚育间伐、采伐更新等常规技术，整合养分限制性与平衡施肥技术、残落物管理与养分归还技术，优化提出了杉木林高产多能培育的地力维持集成技术，见图6。

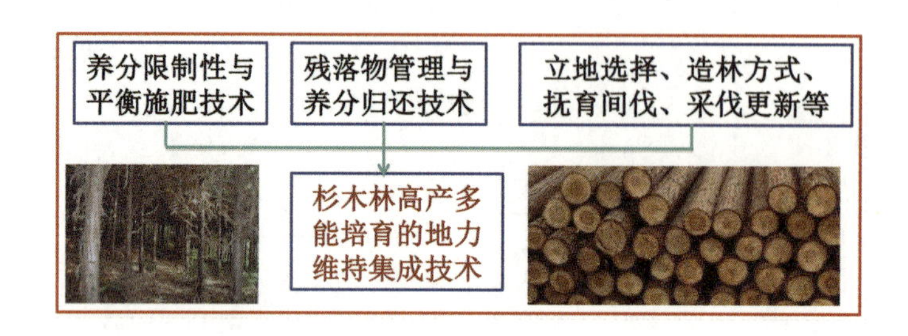

图6　杉木用材林培育经营技术体系

在杉木用材林培育经营技术体系的指导下，采用以平衡施肥为主体的地力维持技术进行示范。监测结果表明，杉木生产力最大可提高31%（磷肥为主，氮肥辅助）；仅施磷肥提高24%，仅施氮肥无显著效果，见图7。此外，我国还在江西省泰和县构建了以残落物和林下植被管理为核心的杉木地力维持技术集成示范基地，得到了德国专家的高度评价，经济、生态和社会效益显著。

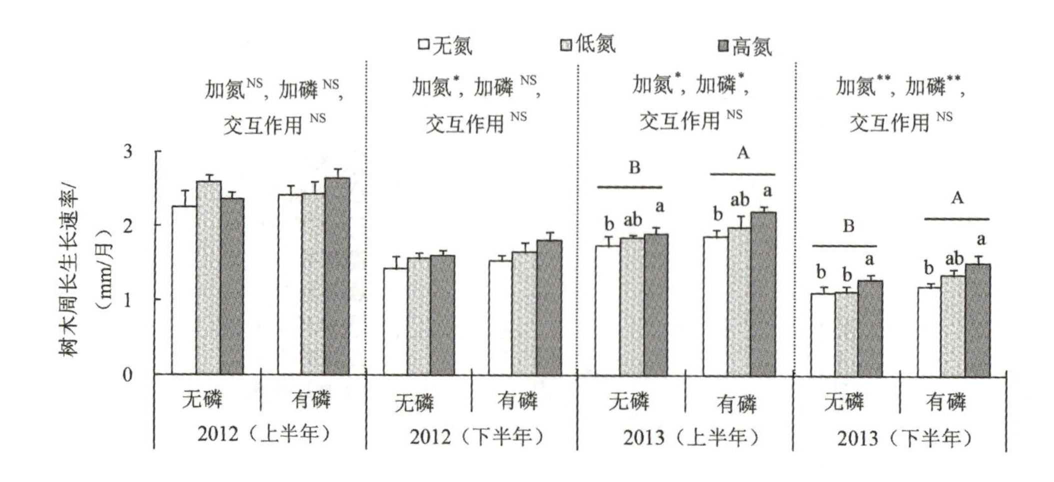

图7　氮、磷添加对杉木胸径生长的影响

（注：NS表示差异不显著；＊表示 $P<0.05$，＊＊表示 $P<0.01$。）

四、马尾松林生态化学计量特征与结构优化技术应用

（一）研究背景

马尾松是先锋树种，飞播和栽植马尾松解决了较差立地造林的问题，但这些森林生态服务功能不强、病虫害易发等问题突出，林分结构改造是实现马尾松林增效强康的重要途径。

（二）研究方案

针对马尾松林存在的主要问题，主要布设林下植被管理试验平台、林分密度调控试验平台和间伐补阔野外试验平台等，见图 8，通过测定土壤、微生物和树木体养分含量及其生态化学计量等变量，评价主要经营管理技术的可行性。

图 8　马尾松林长期野外试验平台

（三）主要发现

1. 凋落物分解与根系生长的互作效应

通过野外长期试验监测，发现根系生长对不同化学计量比凋落物分解的促进效应有区别，且凋落物分解养分回归方式影响根系增殖和性状，见图 9。

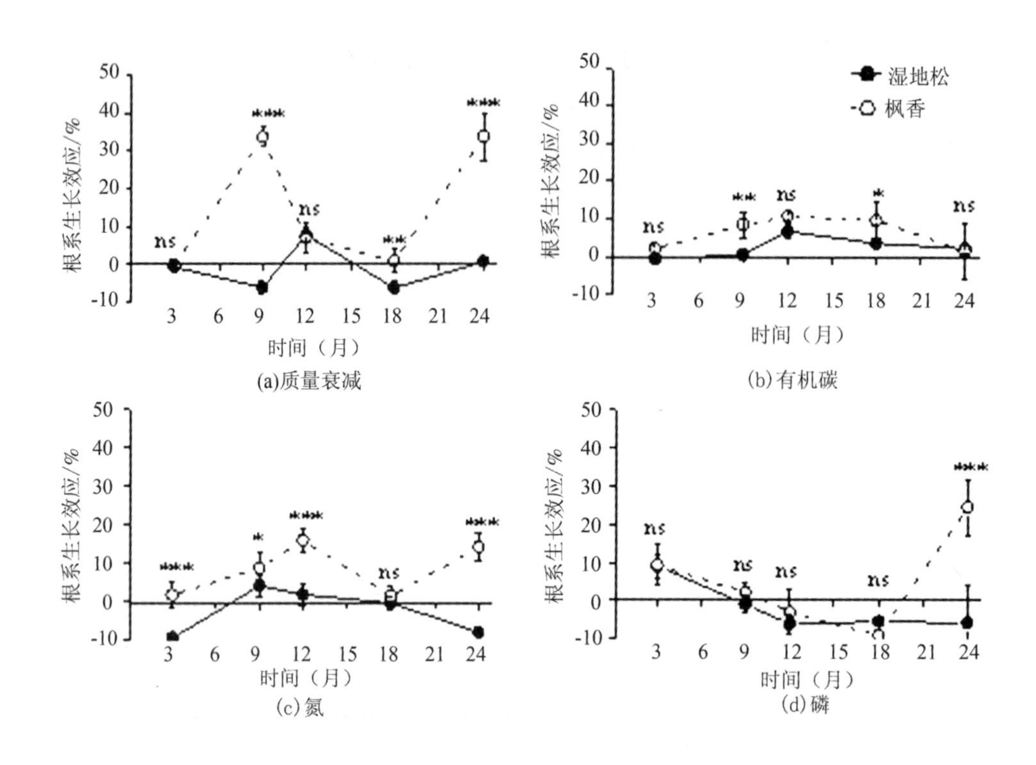

图 9　凋落物质量对根系生长的影响(Wang et al. ，2016)

2. 间伐对松毛虫爆发驱动生态系统养分失衡的影响机制

通过连续 3 年的对比监测，发现松毛虫爆发可增强马尾松林氮利用，而削弱磷内循环，间伐即低密度可减缓松毛虫爆发带来的氮磷失衡，见图 10。

3. 补植树种细根可塑性与树种适应性

通过野外取样分析，发现不同树种根系性状具有显著的分异规律(图 11)，表明可以利用补植阔叶树与人工针叶纯林乔灌草共存来选择补植树种及配置模式。

（四）技术集成示范

基于试验平台的基础理论研究，结合马尾松林经营造林方式、抚育间伐等常规技术，整合地下 - 地上关联互作与结构调整技术、主要树种养分利用属性与选择配置技术，优化提出了马尾松林增效强康的结构优化集成技术，见图 12。

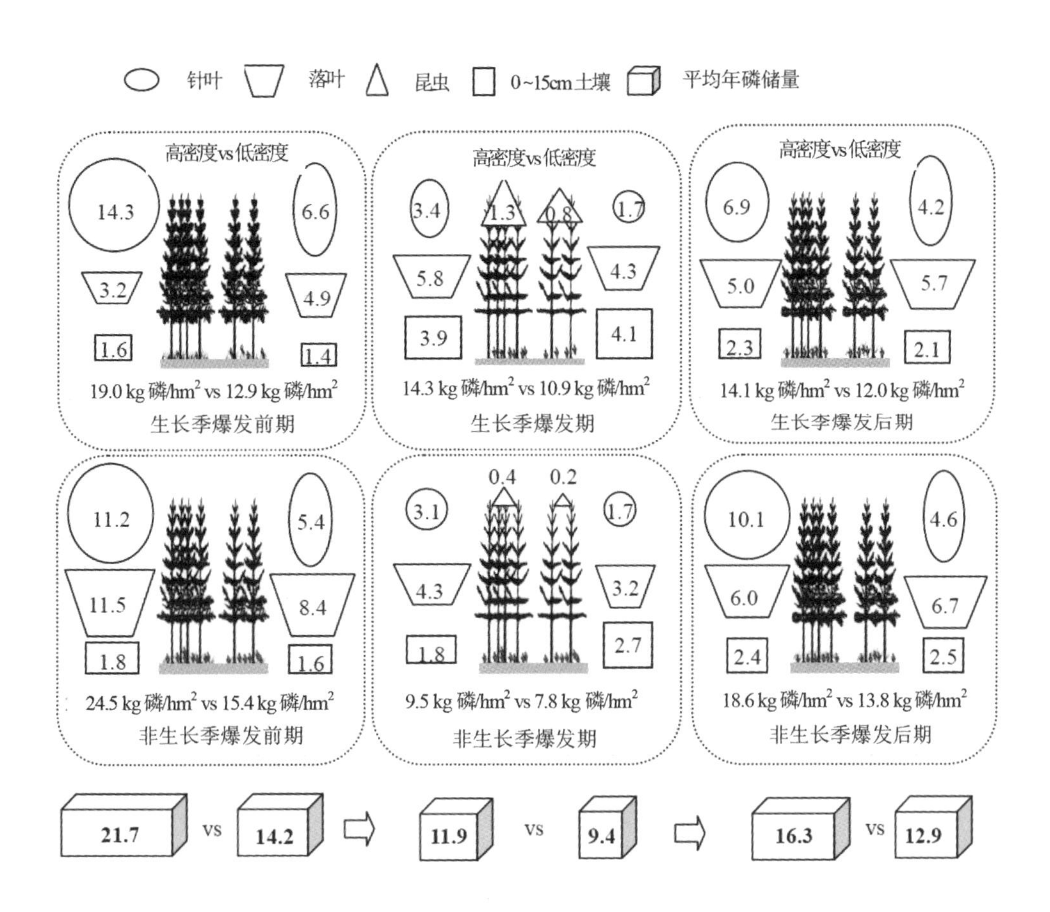

图 10　高密度松林和低密度松林松毛虫爆发前后氮磷养分平衡(Fang et al.，2016)

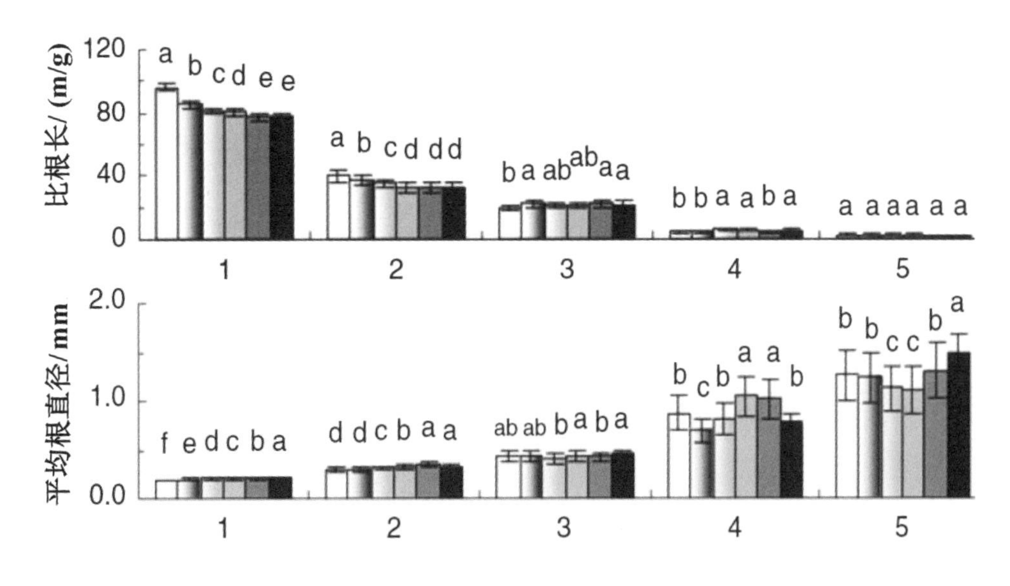

图 11　亚热带不同树种根系性状的分异规律(Wang et al.，2013)

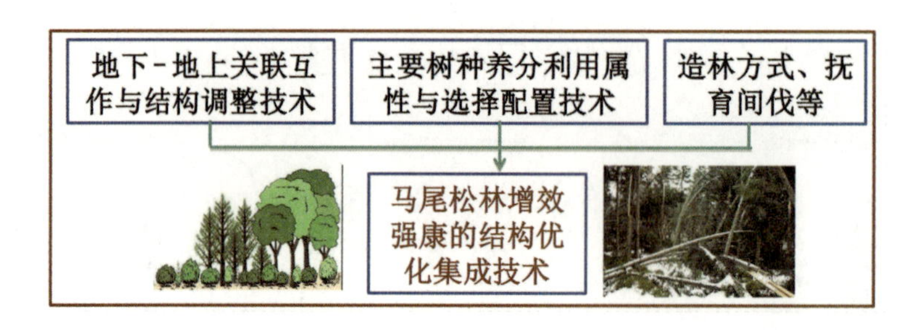

图 12　马尾松林结构优化集成技术体系

通过采用密度调控为主体的结构优化技术的试验示范，发现马尾松林分密度控制在每公顷 1 500 ~ 2 100 株最佳，林下植被层生物量最高，土壤质量综合指数最高，生态系统健康可持续性最强，综合效益高于其他类型平均值 25%，高于对照 36%，见表 1。

表 1　不同林分密度条件下马尾松的生产力及效益评价结果

林分密度/(株/hm²)	平均胸径/cm	林下植被层生物量/(t/hm²)	土壤质量综合指数	综合效益/(万元/hm²)
900 ~ 1 500	10.8	8.11	0.32	10.1
>1 500 ~ 2 100	10.3	9.84	0.66	12.5
>2 100 ~ 2 700	9.1	8.24	0.38	10.7
>2 700 ~ 3 300	7.9	6.53	0.26	9.2

五、退化红壤恢复植被生态化学计量特征与功能提升技术

（一）研究背景

主要针对退化红壤区植被恢复树种单一、纯林为主、服务功能低、生态系统稳定性差等突出问题，筛选一批适应性强的树种，优化几套效益好的营林模式。

（二）研究方案

为研究退化红壤区植被恢复过程存在的突出问题，重点布设树种筛选监测平台、

造林模式和林分改造长期试验平台等(图13)，全面监测土壤、微生物和植物体养分及生态化学计量比，评价不同树种和不同模式的综合效益。

图13　退化红壤区植被恢复长期试验平台

(三) 主要发现

1. 树种养分利用属性的分异规律

通过定位连续监测，发现同一功能群植物叶片化学计量比与养分回收效率存在显著相关，植物养分利用属性与功能群基本吻合，见表2。

表2　不同功能群植物叶片属性的内在关联及其季节变异

变量	季节	所有植物	仅乔木	仅常绿植物	仅阔叶植物
样本量		13	10	8	9
SLA① vs. Ngreen②	春季	0.76*	0.89*	0.55^{NS}	0.76*
	夏季	0.75*	0.79*	0.74*	0.75*
	秋季	0.49^{NS}	0.50^{NS}	0.52^{NS}	0.49^{NS}
	冬季	0.85*	1.00*	0.84*	0.85*

（续表）

变量	季节	所有植物	仅乔木	仅常绿植物	仅阔叶植物
Ngreen vs. NRP③	春季	0.83***	0.83**	0.97***	0.88**
	夏季	0.87***	0.97***	0.68*	0.88**
	秋季	0.59*	0.54NS	0.88**	0.57***
	冬季	0.87***	0.68NS	0.87**	0.88**
Ngreen vs. NRE④	春季	0.02NS	0.20NS	-0.44NS	-0.37NS
	夏季	-0.03NS	-0.08NS	0.05NS	-0.35NS
	秋季	0.11NS	0.23NS	-0.02NS	-0.07NS
	冬季	-0.21NS	-0.66NS	-0.21NS	-0.41NS
SLA vs. Pgreen⑤	春季	0.62*	0.75*	0.24NS	0.65*
	夏季	0.66*	0.75*	0.53NS	0.66*
	秋季	0.39NS	0.49NS	0.09NS	0.39NS
	冬季	0.89*	0.70NS	0.88*	0.89*
Pgreen vs. PRP	春季	0.17NS	0.10NS	0.69*	0.34NS
	夏季	0.17NS	0.15NS	0.58NS	0.22NS
	秋季	0.16NS	0.22NS	0.48NS	0.35NS
	冬季	0.27NS	0.40NS	0.27NS	0.45NS
Pgreen vs. PRE	春季	0.55**	0.68*	0.26NS	0.50NS
	夏季	0.50**	0.59*	-0.30NS	0.54NS
	秋季	0.36NS	0.38NS	-0.20NS	0.40NS
	冬季	0.07NS	-0.21NS	-0.07NS	0.05NS
Ngreen vs. Pgreen	春季	0.82***	0.89***	0.26NS	0.86**
	夏季	0.89***	0.92***	0.62NS	0.77*
	秋季	0.05NS	0.18NS	0.09NS	0.61NS
	冬季	0.80**	0.70*	0.80*	0.81*

注：1. NS 表示差异不显著。

2. * 表示 $P<0.05$，** 表示 $P<0.01$，*** 表示 $P<0.001$。

①SLA 表示比叶面积。

②Ngreen 表示鲜叶氮含量。

③NRE 表示氮回收效率。

④PRE 表示磷回收效率。

⑤Pgreen 表示鲜叶磷含量。

2. 不同植被恢复模式土壤固碳功能的异同机制

通过对比研究，发现阔叶树比针叶树造林土壤团聚体有机碳更稳定，其输入的凋落物化学计量差异是主要原因，见图14。

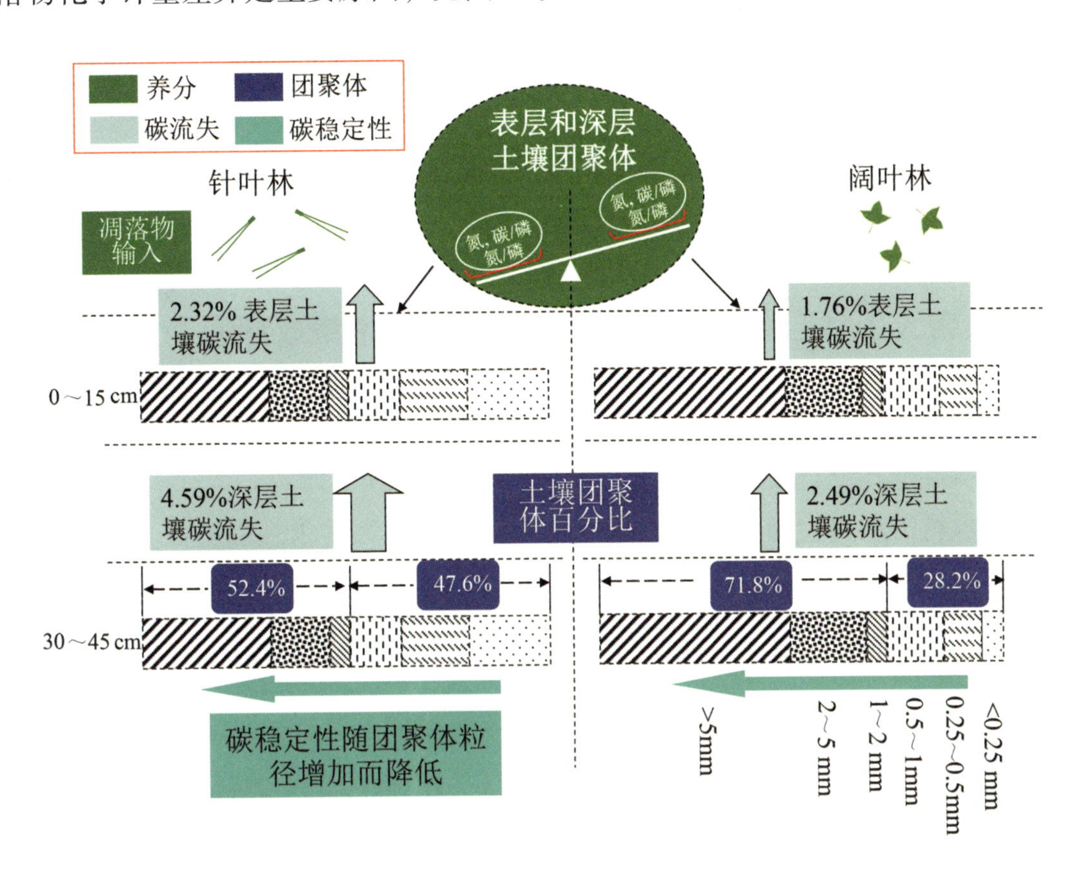

图14　不同植被恢复模式土壤有机碳稳定性及其潜在机制(Fang et al.，2015)

（四）技术集成示范

基于试验平台的基础理论研究，结合植被恢复林地造林方式、抚育间伐等常规技术，整合主要树种养分利用属性与选择配置技术、地下－地上关联互作与结构调整技术，优化提出了低效林提质增效的功能提升集成技术，见图15。

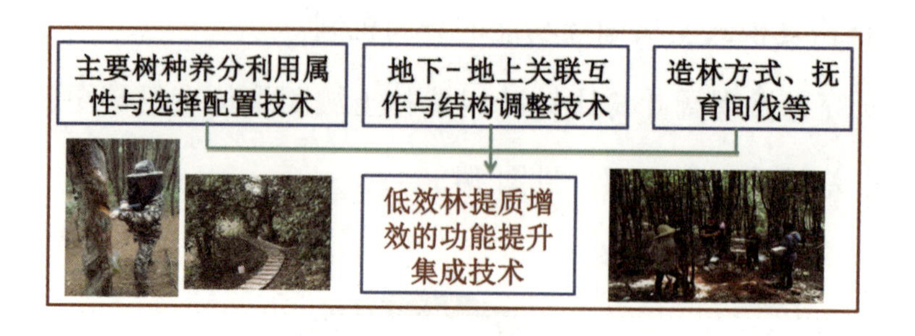

图 15　低效林功能提升集成技术体系

六、亚热带人工林经营生态化学计量理论与技术集成探索

（一）总体研发思路

面向木材需求量大和国家生态文明建设等国家重大需求，以提高人工林木材生产和服务功能为目标，重点研究用材林高产多能和防护林增效强康等理论和技术，创新养分限制性与平衡施肥理论、残落物管理与养分归还理论、树种养分属性与选择配置理论、地下－地上关联与结构调整理论，集成用材林高产多能地力维持技术和防护林增效强康结构优化技术，在国有林场、重点林区、生态脆弱区开展示范推广，显著提高林分生产力、生态功能和综合效益，见图 16。

（二）研发技术方案

拟利用长期野外试验平台开展基础理论研究，利用示范基地开展技术集成开发，并在主要林区进行示范推广，见图 17。

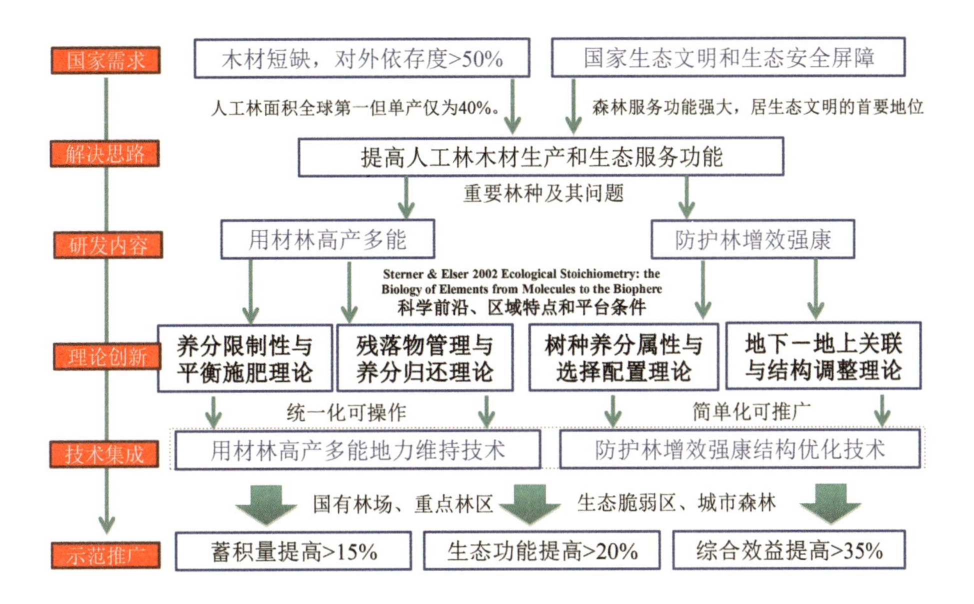

图 16　亚热带人工林生态化学计量特征及其经营技术集成研究总体思路

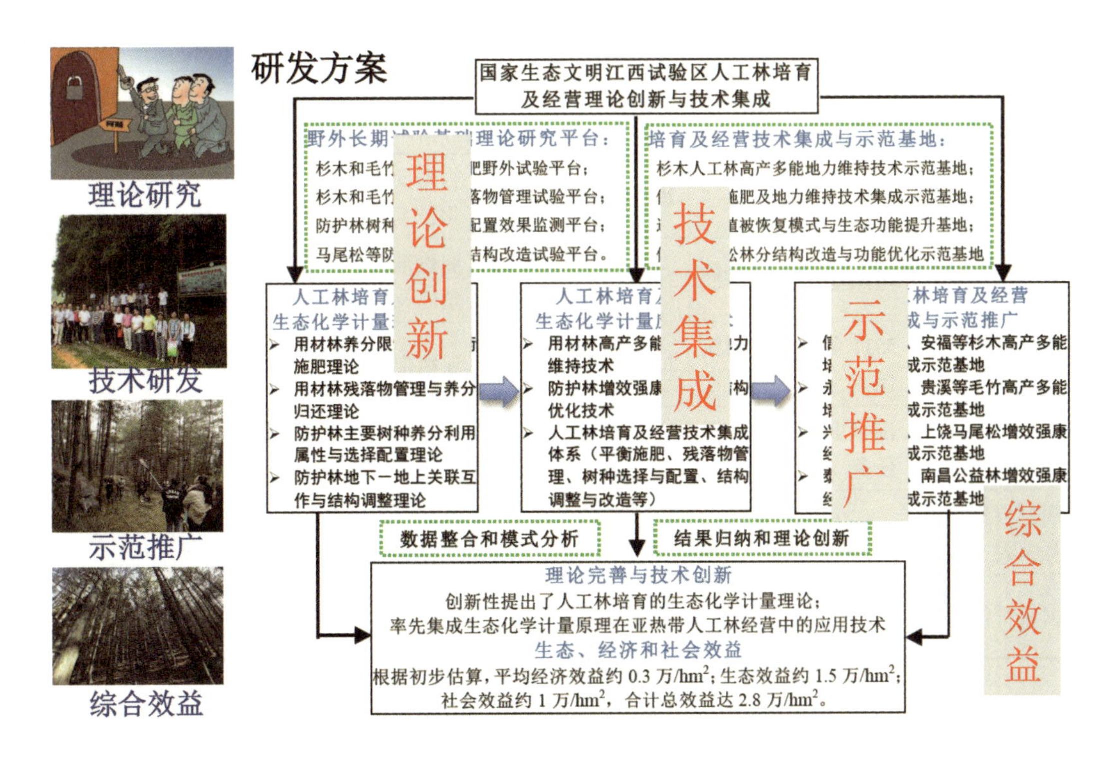

图 17　亚热带人工林生态化学计量特征及其经营技术集成研究试验方案

（三）前期基础与研究展望

本项目在国家自然科学基金面上项目、国家重点研发计划、国家重点基础研究发展计划和江西省重点研发计划等项目的资助下，以及国家林业和草原局、国家财政部、国家科技部、国家基金委、江西省科技厅、江西省教育厅、江西省林业厅、中国科学院、中国林科院和江西农业大学等单位的支持下，研究成果已于前期获得了江西省自然科学二等奖(2018)、第四届江西林业科技一等奖(2017)、第七届梁希林业科学技术三等奖(2016)、第六届梁希林业科学技术三等奖(2015)等奖项，见表3。

表 3　项目资助情况表

序号	项目来源	项目类别	项目编号	项目名称
1	国家自然科学基金委	面上项目	31870427	南岭东部常绿阔叶林主要树种根际与根叶养分对磷添加的响应
2	江西省科技厅	重点研发计划	20181ACH80006	吉泰盆地低效人工林补植树种筛选及结构优化技术
3	国家自然科学基金委	重点基金项目课题	31730014	亚热带人工林补植树种根叶功能属性环境可塑性及其对生产力的影响
4	江西省科技厅	5511 优势科技创新团队	20165BCB19006	亚热带人工林高效培育与生态管理
5	国家科技部	国家重点研发计划任务	2016YFD0600202-2	水平结构和垂直结构对马尾松和杉木林物质循环过程的影响
6	国家自然科学基金委	地区科学基金	31360179	退化红壤区人工林林下植物根系生长与凋落物分解的互作机制
7	国家科技部	国家重点基础研究发展计划子课题	2012CB416903-04	林分结构调整与养分管理方式对生态系统养分平衡和 CNP 化学计量比的影响

综上所述，我国正在实施森林资源面积增长向森林资源质量提升转型策略，民生林业和生态林业的“双轮驱动、协调发展”是新时代林业发展的新使命和新征程，传统森林培育及经营的理论和技术创新势在必行。国家生态文明试验区及南方木材

战略储备基地、丘陵山区生态安全屏障、老区山区林区生态扶贫、乡村振兴计划等国家发展战略的实施为亚热带人工林培育及经营理论与技术的创新提供了重要的机遇。站在新时代的起点上，我们总结了亚热带人工林生态化学计量学方面的研究成果，提炼了以用材林高产多能培育的地力维持、防护林增效强康经营的结构优化为主体的技术体系，并进行示范应用推广。正可谓恰逢新时代，喜迎新征程。

展望未来，本报告从生态化学计量学的角度提炼集成林木生物学、生理学、营养学、培育学、生态学、经营学等方面的研究结果，以亚热带主要人工林为研究对象，依托野外长期试验基础理论研究平台和培育及经营技术集成与示范基地，提出了人工林培育及经营的生态化学计量学理论基础和应用技术，并进行了应用与示范推广，产生了显著的经济、生态和社会效益。研究成果有助于推动人工林培育及经营理论和技术的发展，有助于国家生态文明江西试验区林业行动的落地，有助于支撑南方木材战略储备基地、南方丘陵山区生态安全屏障等国家发展战略的实施，有助于江西绿色崛起、林业转型升级、山区脱贫致富等。

作者简介

陈伏生，男，1973 年 7 月出生，博士/博士后，江西农业大学林学院副院长，二级教授，博士生导师，江西省林学一流学科负责人，江西省森林培育重点实验室主任，江西九连山森林生态系统国家定位观测研究站站长。兼任教育部高等学校林学类教学指导委员会委员，中国自然资源学会森林资源专业委员会副主任委员兼秘书长，中国林学会青年工作者委员会常委，中国土壤学会森林土壤专业委员会常委，中国林学会森林生态分会理事。主要从事森林培育和林业生态等方面的研究。主持承担国家级项目近 10 项。发表论文 110 多篇，SCI 收录 50 余篇。荣获省部级成果奖励 6 项，省部级人才称号 2 项。

活性炭作为能源器件电极材料的研究*

左宋林　王永芳　张秋红　杜颜珍

活性炭是一类比表面积高、孔隙结构高度发达的多孔质炭材料，也是林业领域中的一类重要的工业产品。它的物理和化学性质稳定，无毒无害，广泛应用于环保、医药、食品、化工和军事等众多领域，是水和空气净化、气体和液体产物精制、气体分离、溶剂回收、脱色、药物提取等众多技术所必需的吸附分离材料。在过去100多年的发展过程中，活性炭研究和开发的主要方向是与活性炭吸附分离有关的理论与技术。另一方面，活性炭通常还具有较好的导电性能，结合它可调的孔隙结构与表面化学结构，活性炭在电能储存、能源转化和各种电催化领域都具有应用潜力，这些领域成为活性炭在高科技领域应用的主要方向，是现代活性炭科学与技术发展的主要内容，也是高附加值活性炭产品的主要发展方向。

超级电容器、燃料电池和锂电池等新型的储能和能源转化器件，是汽车、机械、化工、能源和军事等众多领域的发展重点，其关键性材料的研发是新材料领域的主要方向，也是我国国务院等政府机构颁布的《国家中长期科学和技术发展规划纲要(2006—2020年)》《“十三五”国家科技创新规划》《国家创新驱动发展战略纲要》《中国制造2025》等许多创新、研发和新兴产业发展政策和指导意见的重点。南京林业

* 2018年10月第四届世界人工林大会上的专题报告。

大学化工学院左宋林教授带领的生物质能源与炭材料团队是国家双一流学科“林业工程”的重要组成部分，长期从事活性炭方面的研究、开发与教学工作。最近10年，团队在国家自然科学基金等项目的支持下，在国内系统开展了传统活性炭作为超级电容器和燃料电池等新型能源器件的电极材料的研究，为传统的活性炭产品在高科技领域的应用提供了理论与技术基础，为林业产品的高值化利用提供了重要的技术途径。团队取得的科研成果已在国内外期刊发表学术论文11篇，申请发明专利10项，其中授权4项、国际专利1项，形成了拥有较为完整知识产权的系列技术与产品。本学术报告将主要介绍本团队在这一方面的研究成果和主要进展。

一、作为超级电容器电极的炭材料

超级电容器，又称电化学电容器，具有功率密度高、充放电速度快、循环使用寿命长、对环境零污染和瞬间大电流放电等显著优点，超级电容器的结构如图1所示。决定超级电容器性能的关键材料是它的电极活性材料，这些活性材料主要起着储存电荷的作用。超级电容器最常使用的电极材料是多孔质炭材料，主要包括活性炭、炭凝胶等多孔质炭，以及碳纳米管和石墨烯等新型炭材料。炭凝胶、碳纳米管和石墨烯等新型炭材料尽管具有很好的电储存性能，但价格昂贵，目前也无法实现工业化生产。活性炭是一种常用的工业生产用多孔质炭材料，已主要采用木竹材及其加工剩余物、椰壳等各类果壳和矿物质煤等原料大规模生产得到。因此，活性炭作为超级电容器电极材料的应用一直受到高度关注。日本、美国和欧洲各国等发达国家在20世纪80年代就开始了活性炭应用于超级电容器电极材料的研究。目前，日本、美国和韩国等国家已经实现超级电容器活性炭的商业化生产，但国外技术高度保密，且由于生产技术复杂导致价格居高不下。为了改变我国超级电容器活性炭基本依赖进口的不利局面，发展更加高效和成本较低的生产方法势在必行。本团队在长期研究常规活性炭的制备技术和相关理论的基础上，研究了水蒸气活化法、磷酸活化法、KOH 活化法和活性炭改性制备超级电容器活性炭的理论与技术。

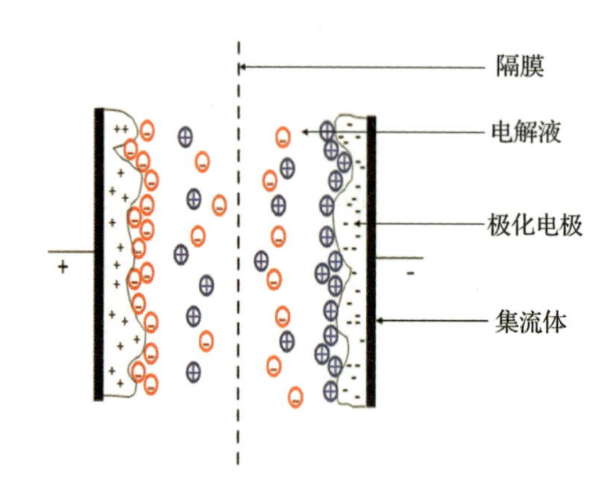

图 1　双电层电容器结构

二、超级电容器活性炭的研究与开发

（一）水蒸气活化法制备超级电容器活性炭

1. 水蒸气活化松木制备的活性炭

以针叶材马尾松为原料，采用水蒸气活化法制备出了比表面积可达 1 647 m^2/g 的活性炭，该活性炭在 2 mol/L 的 1-乙基-3-甲基咪唑四氟硼酸盐的乙腈溶液中的比电容量可达 155 F/g，能量密度可达 33.6 Wh/kg；在 2 A/g 的电流密度下循环充放电 5 000 次后，比电容量保持率为 89%。这些性能超过了以往商业用的同类型超级电容器活性炭性能。

2. 水蒸气活化杨木制备的活性炭

以杨木为原料，采用常规的水蒸气活化法，通过优化制备工艺和活化设备，制备出了比表面积为1 878 m^2/g、总孔容积为1. 27 m^3/g的活性炭。所制备的杨木活性炭在2 mol/L的1-乙基-3-甲基咪唑四氟硼酸盐的乙腈溶液中，在5 mV/s的扫描速率下的比电容量为172 F/g，在低输出功率268. 7 W/kg时具有高达37. 3 Wh/kg的能量密度，其高能量密度受到高度关注。

3. 混合气体活化法制备的松木活性炭

采用水蒸气活化与CO_2活化的混合活化法，制备出了比表面积超过2 000 m^2/g的木质活性炭。该混合活化法制备的木质活性炭具有典型的双电层特性、良好的可逆性和较高的库伦效率，在5 mV/s的扫描速率下的比电容量高达186 F/g，能量密度高达40. 4 Wh/kg。这一结果远高于文献中所报道的用物理活化法所制备的有机系超级电容器用活性炭的比电容量和能量密度。这一研究成果为采用常规活化技术制备高性能的超级电容器活性炭提供了可行的技术路线。

4. 二次活化法制备的椰壳、竹和煤质活性炭

由于超级电容器活性炭对其孔隙结构有较高要求，采用普通活化方法通常难以一次性达到要求，因此，采用二次活化，即将活性炭进行再次活化，成为制备孔隙结构高度发达活性炭的重要途径。本研究团队采用水蒸气活化法，分别对椰壳活性炭、竹基活性炭和煤质活性炭进行二次活化。结果表明，二次水蒸气活化能够显著提高活性炭的中孔孔容，从而大大提高吸附性能，活性炭的碘吸附值、亚甲基蓝吸附值均相比原料炭有较大提升；二次水蒸气活化时对椰壳活性炭的孔隙结构和比电容量影响最为显著，二次活化椰壳活性炭的比表面积可达1 972 m^2/g。通过二次活化，可以使活性炭在离子液体电解质(1-乙基-3-甲基咪唑四氟硼酸盐)中的比电容量提高6倍以上，达到153 F/g，在1-丁基-3-甲基-咪唑四氟硼酸盐电解质中电位窗可达3. 5 V，其能量密度达到57 Wh/kg，有望实现工业化生产。

为了进一步优化水蒸气二次活化工艺，制备出价格低廉、性能优良的超级电容器活性炭产品，选用椰壳活性炭作为原料炭。活化工艺经优化后，活性炭的比表面积从原料炭的 1 043 m^2/g 提高到 2 564 m^2/g；总孔容从 0.466 cm^3/g 提高到 1.527 cm^3/g。在 1-乙基-3-甲基咪唑四氟硼酸盐电解质中，活性炭电极在 0.2 A/g 电流密度下的质量比电容可达 247 F/g，面积比电容可达 12.11 $\mu F/cm^2$，能量密度为 77.19 Wh/kg；在电流密度 2 A/g(室温时)下充/放电循环 2 000 次后，超级电容器的比电容量保持率高达 90%。

综合以上研究结果可以看出，通过不断优化传统的活化方法，并选择合适的原料，可以制备出比表面积达到 2 500 m^2/g 的活性炭产品，大大超过以往实验室研究和工业生产过程中气体活化法所制备的活性炭的比表面积，其比电容量达到国外同类产品的先进水平，这些传统方法所制备的活性炭已经具有研究制备超级电容器活性炭常用的 KOH 活化所制备的超级电容器活性炭的性能。但 KOH 活化法具有生产成本高、工业化较困难等问题。进一步优化活性炭的性能，完全可以实现超级电容器活性炭的低成本和绿色化生产。

（二）磷酸活化法制备超级电容器活性炭

磷酸活化法是工业上木屑等竹木加工剩余物生产活性炭的主要方法。工业上，磷酸活化法所使用的活化温度通常低于 500 ℃，所制得的活性炭的导电性能较差，因此，尽管磷酸活化法可以生产出孔隙结构高度发达，尤其是中孔发达的活性炭，但目前工业生产所采用的活化工艺和技术不适合生产超级电容器用活性炭。本研究团队以木屑为原料，开展了高温下磷酸活化法制备活性炭的相关研究，研究了磷酸法活性炭在水系和离子液体电解液中的超级电容器性能。

1. 磷酸活化法制备水系超级电容器活性炭

通过优化工艺条件，结果显示，800～900 ℃下的高温磷酸活化法可以制备出比表面积高、微孔和中孔都发达的活性炭；活性炭表面含有丰富的含磷基团，可以产生赝电容进而提高活性炭电极的比电容量。磷元素含量为5.88wt%的活性炭的比电容量在0.1 A/g下达到185 F/g。统计分析结果表明，活性炭的中孔有利于电解质离子向微孔内的扩散。在6 M KOH电解质溶液中，孔径在1.10～1.61 nm、2.12～2.43 nm和3.94～4.37 nm范围内是电解质离子在活性炭孔隙内部形成双电层的主要场所；在1 M H_2SO_4电解质溶液中，孔径在0.67～0.72 nm范围内有利于双电层电容的形成。

2. **磷酸活化法活性炭制备离子液体基超级电容器**

在离子液体电解质(1-丁基-3-甲基咪唑六氟磷酸盐)中，所制备的磷酸活化法活性炭电极的比电容量可达162 F/g，组装成对称电容器的能量密度在0.5 A/g下可达22.5 Wh/kg，且具有较好的倍率特性和循环稳定性，在5 A/g的电流密度下充/放电5 000次后容量保持率为86%。

因此，采用改进的磷酸活化法可以制备出无机电解质型和有机电解质型的超级电容器活性炭能源材料。

（三）KOH活化法制备超级电容器活性炭

高比表面积是活性炭具有高比电容量的前提，因此，以KOH为代表的碱金属活化法是制备具有高比表面积特征的超级电容器活性炭的主要方法。本团队以KOH为活化剂，在700～800 ℃下，通过与椰壳活性炭和石油焦反应，制造出比表面积高达2 715 m^2/g、碘吸附值为2 679 mg/g、亚甲基蓝吸附值为375 mL/g的活性炭。并通过中试生产，对生产过程中KOH的回收和高纯度活性炭的制备技术进行了研究与开发，制备出了达到国际同类产品性能的活性炭。

（四）活性炭改性制备超级电容器活性炭

随着超级电容器应用需求的发展，对超级电容器与活性炭电极材料的性能要求越来越高，仅仅依靠调控活性炭孔隙结构已难以满足这些要求。因此，通过调控炭的表面化学结构来提高炭电极的电化学性能成为近 10 年来的主要研究方向。炭表面的化学性质取决于炭本身的结构和表面存在的其他杂原子种类（如氧、氮、磷和硼等元素）及其存在状态，它们显著影响着活性炭储能材料的电化学性能。

本课题组采用磷酸法活性炭和 KOH 法活性炭作为原料炭，三聚氰胺和硼酸分为含氮和含硼前驱体，通过将活性炭浸渍后在不同温度下进行热处理的方法对活性炭进行了表面掺杂原子改性，分别得到掺氮改性活性炭和掺硼改性活性炭。研究结果表明：活性炭的氮、硼掺杂改性不仅增强了活性炭表面对电解液离子的润湿能力，减少了离子迁移的阻力，提高了比表面积的利用率和双电层的浓度；而且由于含氮和含硼官能团所具有的得失电子能力，促进活性炭表面发生氧化还原反应，从而产生了法拉第赝电容。制备出掺氮改性活性炭的氮元素含量为 4.16wt%，在 6 M KOH 电解质溶液中的比电容达 196 F/g（电流密度 0.1 A/g）的活性炭电极材料。在 0.1 A/g 电流密度下，掺硼改性活性炭用作超级电容器电极材料的比电容高达 197 F/g，表明活性炭经过掺氮、硼改性后能够显著提高比电容量，具备作为超级电容器材料的潜力。

三、活性炭作为燃料电池阴极材料

燃料电池是一种将储存在燃料和氧化剂中的化学能直接转化为电能的装置。在燃料电池的电极反应中，阴极氧还原反应在化学能转变为电能的过程中起着至关重要的作用，是制约燃料电池性能的主要因素。贵金属铂（Pt）是目前最常用且高效的阴极氧还原催化剂。但 Pt 金属催化剂存在 Pt 稀缺，Pt 容易发生一氧化碳中毒而失去活性，Pt 电催化剂不耐用等问题。因此，开发低成本、高活性和长寿命的氧气还原电催化剂，来替代 Pt/C 催化剂一直是燃料电池技术发展的核心和研究热点。与金属催化剂相比，无金属催化剂的成本更低、稳定性更好。炭材料具有比表面积高、化学稳定性好、机械强度高和导电性能好等特点，因此，新型的炭材料氧气还原电催化剂成为燃料电池和炭材料领域的研究重点。

与其他炭材料相比，活性炭具有比表面积高、生产工艺简单和成本低等优点，因此研究开发活性炭作为燃料电池阴极材料具有巨大的应用潜力。本研究团队在运用成本低、性能调控潜力大的活性炭作为燃料电池的无贵重金属催化剂方面开展了系统的研究工作，已为活性炭关键性材料应用于燃料电池体系提供了重要的理论和技术支撑。本团队首先系统研究了活性炭氨气改性过程中，活性炭表面含氮基团的演变规律。并根据这些研究结果，以 KOH、磷酸和水蒸气活化法制备的活性炭为原料炭，采用氨气对其进行改性制备出了含氮活性炭。研究结果显示，采用 KOH 和磷酸活化法制备的活性炭经氨气改性后均可制备出高性能的氧还原电催化剂，氧还原起始电位和极限电流密度均可与商业 Pt/C 催化剂相媲美，并具有优异的抗甲醇性能。但磷酸活化法制备的活性炭的电催化活性和稳定性优于 KOH 活化法所制备的活性炭。我们认为，常用的木屑等林木加工剩余物所采用的磷酸活化法具有制备高性能燃料电池催化材料的巨大潜力。然后，本团队深入研究了活性炭表面化学结构对活性炭作为燃料电池催化材料性能的影响规律。这些研究成果为高性能、低成本的燃料电池氧气还原反应活性炭催化材料的产业化打下了坚实的技术基础。

四、总结与展望

我们长期的研究显示，活性炭不仅作为传统的林产工业产品，作为关键性材料在新型能源器件领域也具有广泛的应用前景，而且通过改进和提升现有的传统制备技术，完全可以工业化规模生产出高附加值的活性炭产品。通过不断地深入研究与持续开发，将有力促进传统的活性炭产业的转型升级，以及林业资源和产品的高值化利用，为国家战略新兴产业的发展作出贡献。

作者简介：

左宋林，男，1968 年 10 月出生，汉族，工学博士，南京林业大学教授，博士生导师。兼任中国林产工业协会活性炭分会副主任、日本活性炭技术研究会顾问、全国活性炭协会常务理事和中国林学会林产化学化工分会常务理事等国内外学术职务。一直从事生物质热解化学转化和活性炭等炭材料的教学、研究与开发工作。先后在南京大学物理化学博士后流动站(2004—2006 年)、日本九州大学(2008—2009 年)、加拿大 University of New Brunswick 和加拿大林产品创新研究院(2012—2013 年)访问和留学，开展以活性炭为主的炭材料研究与开发。作为项目负责人先后主持了活性炭方面的国家级项目 5 项、省部级项目和企业合作项目 10 余项。在国内外发表研究论文 50 多篇。申请中国发明专利近 20 余项，其中 PCT 发明专利 2 项。获得教育部科技进步二等奖 1 项(排名第一)。取得的研究成果在国内外活性炭学术界和工业界产生了较重要的影响。

王永芳，南京林业大学博士。

张秋红，南京林业大学研究生。

杜颜珍，南京林业大学研究生。

湖北林业精准灭荒现状与对策*

张家来　郑兰英　熊德礼

前　言

为积极配合湖北省省委、省政府精准灭荒重大决策，湖北省林科院联合湖北生态职业学院等单位就林业精准灭荒所涉及的有关政策和科技支撑等问题进行了专题调研。本次调研事先对调研内容、地点、路线等进行了科学规划，以保证调研结果客观公正并且具有代表性。按分层抽样和典型取样原则选取湖北省六大生态区共9个县(市、区)作为调研对象，分别是鄂南幕阜山区通山县，鄂东大别山区英山、浠水、蕲春三县，鄂北山区大悟县，鄂西北山区谷城县、丹江口市、郧阳区，鄂西山区(包括鄂西南山区)来凤县，江汉平原湖区没有纳入本次调研范围。从上述县(市、区)中抽取2~3个荒山面积大、荒山类型集中或灭荒效果较好的乡镇作为荒山现状及灭荒典型进行相关分析，调研单元为村组或林班，共调查25个乡镇、72个村组(林班)。调研组采取座谈访问、资料核对、现场勘察等方法获取本次调研的一手资料。2017年11月—2018年2月，我们历时近3个月完成调研报告。希望本次调研

* 2018年6月湖北省林业技术专项培训班上的专题报告。

成果能为有关政府部门决策提供参考依据，对湖北省全面完成精准灭荒任务有所帮助。

一、湖北林业荒山类型和特点

湖北的荒山到底有多少，恐怕很难说出一个确切数字。1999 年二类资源清查是 482.454 万亩，2009 年为 397.564 万亩，10 年间荒山减少了 84.89 万亩。2011 年一类调查是 432.149 万亩，2016 年为 691.349 万亩，5 年间又增加了 259.2 万亩。由于调查方法不同、统计口径不一，统计出来的荒山数字有较大出入。我省历来重视荒山造林绿化，如近年来大规模开展的“绿满荆楚”等行动取得了较好的灭荒效果，但还有大面积荒山遗存也是客观事实。湖北剩余荒山主要类型及特点如下：

（一）造林失败造出的荒山

确切地说，应该是造林不当造出了荒山。由于树种选择不当，重造轻管或只造不管，致使造林失败形成荒山。如：英山县温泉镇沙垮河村火炉尖有荒山 350 亩，由于树种选择不当加上幼林管理不善，该地先后 3 次造林失败，原有杂灌林也不复存在，至今荒芜；谷城县石花镇五家洲村一片 250 亩的荒山，由于只造不管又是坟山，先后 5 次造林失败。此种类型的荒山立地条件不算很差，但幼林管理跟不上，人畜危害或森林火灾等使造林前功尽弃，坊间所说的“年年造林年年荒、年年造林老地方”即指此类荒山，虽然面积不大，但影响恶劣，对干部群众的造林积极性杀伤力最大。

（二）矿山开发开出的荒山

这类荒山主要是指各种矿区在林地直接开采后遗留下的荒山，如：丹江口市习家店丁家园村于2014年建龙泉寺采石取土留下的100余亩荒山；大悟县十八潭景区在建三塔寺水库大坝时，采石取土造成的150亩荒山；通山县国有凤池山林场近年采石形成的近80亩纯石质荒山；谷城县盛康镇筒车村10年前开硅矿留下的60亩乱石荒山；浠水县葛洲坝大道南侧，由于黄州开发区从2010年开始建设，连续7年填方取土造成的长2 000 m、最宽800 m、面积约650亩的无土荒山荒地，涉及巴河镇泉塘、纱帽岭、檀树、鲁湖等4个村。我省山区县(市)几乎无一例外遗留有矿后荒山，此类荒山严重破坏了山体、林相，造成“破皮烂肉”的惨状，并且石砾、石头裸露，水土流失严重，寸草不生，很难恢复，是精准灭荒的难点。

（三）森林火灾烧出的荒山

火灾造成的荒山大多分布在县、乡、村际交界处，即所谓的“三不管地区”。今年你烧过来，明年我烧过去，连年火灾造成了大面积荒山。2013年3月19日，晨鸣纸业在通山县杨芳林乡放火炼山造成万余亩火灾，其中横溪村9个村民小组中6个小组被烧，5 000亩杉木、松树等林木毁于一旦，如今还剩2 000余亩荒山；大悟县东新乡白鹤村3 000亩荒山年年失火，荒山面积呈扩大之势；蕲春县大同镇1994年的一场大火烧了车门、葛山、三山坳、板溪、柳林等5个村，过火面积1.5万亩，车门村至今还留有2 200亩荒山。我省火灾造成的荒山面积比重较大，占到30%以上，森林火灾不仅造成人民生命财产的巨大损失，而且常常反复发生，让大家心有余悸，望山兴叹，纵有万般实力也不敢再次轻易上山造林，护林防火成为此类荒山造林后期管护的重中之重。

（四）乱砍滥伐砍出的荒山

这类荒山原来是有林地，因人为砍伐造成了荒山，其中不乏乱砍滥伐者。在计划经济年代，一些山区县(市)为完成木材计划大面积砍伐林木，过后又未能及时更新造林，留下大片荒山。此类荒山一部分已转化成低产低效残次林或灌木林，实际上也是广义类型荒山，大部分则由于人畜危害或森林火灾形成了名副其实的荒山。如：通山县大畈乡就有近 500 亩属于 20 世纪计划经济时代采伐留下的荒山；十堰市郧阳区刘洞镇路边村的 400 亩荒山全部是人为砍伐所致的。近些年，还有一些不良“大户”或企业对所承租的有林地实行掠夺式经营，将一些成材林砍伐后弃而不管，有林地即刻变成了荒山，如谷城县盛康镇三官庙村大户徐某某于 2010 年将其承包的近 100 亩马尾松成林砍伐后没有更新造林，致使土地荒芜至今。砍伐型荒山一般立地条件较好，人工造林容易成功，一些残次林、灌木林通过封山育林或人工改造也能收到良好的灭荒效果。

（五）盲目开荒开出的荒山

20 世纪“以粮为纲”的年代，人们大肆毁林开荒，成片有林地变成了所谓的“耕地”，改革开放以来这些“耕地”逐渐变成了荒山荒地。虽然“退耕还林”等项目持续实施，消灭了部分荒山，但我省几乎所有山区和低山丘陵区县(市)均有大片此类荒山留存。来凤县 4 700 亩荒山之中就有 4 300 亩抛荒地(山地)，占到 90% 以上，整个鄂西地区荒山现状与来凤县大同小异。此类荒山一般分布在山腰、山脚，紧临路边人群活动区，火灾隐患严重。少数农户间歇性耕种，但农作物产量低，水土流失严重，很多人自发在此类荒山种植一些木本粮油树种，如油茶、板栗等。

（六）不宜林的荒山

这类荒山是与生俱来的荒山，不是人为所致。如：丹江口市江北地区有近 5 万亩石漠化荒山，占到该市荒山面积的 50% 左右；通山县大畈乡有 5 000 亩石漠化荒山等。此类荒山上常分布有一些稀疏灌木或草本植物，不要轻易造林，否则得不偿失，除非有十足的技术把握和雄厚的资金实力。此类荒山也是精准灭荒行动中难啃的硬骨头。

二、湖北林业精准灭荒的历史地位与重要意义再认识

所谓“精准灭荒”，就是要采用精细无误的操作方式，以达到准确可靠灭荒效果的目标。“精准灭荒”不同于往常粗略模糊的做法，力求杜绝遗漏或失误现象。精准灭荒是新时代我省林业工作全新的思路和要求，通过精准灭荒行动努力实现全面绿化湖北的目标，对湖北林业事业具有划时代的意义。

（一）精准灭荒是开启新时代“三步走”战略与乡村振兴的金钥匙

我国新时代“三步走”的第一步是到 2020 年全面建成小康社会。荒山就等于穷山，与小康社会格格不入，我们不能把穷山恶水带进新时代。千百年来，农耕文化一直向山林索取，加之历史上战乱频发等原因，人们对于山林多数时期是少造多砍，甚至只砍不造，给后人留下了一个千疮百孔的世界。中华人民共和国成立以来虽然“大炼钢铁”、政策不稳等因素造成了较严重的毁林现象，但党和政府历来重视林业发展，紧抓造林不放松，使得森林资源增长和林业事业取得长足进步。但不可否认，我国林业同西方发达国家相比还有较大差距，就森林覆盖率而言，邻国日本和韩国都达到 60% 以上，就是印度也高过我国，荒山已成为我国现代化进程最宽短板。重拳出击，消灭荒山，还清历史老债，我们才能开启山区全面建成小康之门，昂首阔步迈进现代化建设新时代。我国乡村振兴战略的总要求是“产业兴旺、生态宜居、乡风文明、治理有效、生活富裕”，无一不与荒山绿化有关。试想在一个荒山秃岭

的穷乡僻壤，没有绿色谈何产业，环境恶劣又怎会宜居，如此还奢谈什么社会文明和生活富裕。由此看来，消灭荒山、全面绿化是治理有效的第一要务。

（二）精准灭荒是实现长江经济带大保护的重大行动

长江经济带战略是我国三大战略之一，习近平总书记提出明确要求，“当前和今后相当长一个时期，要把修复长江生态环境摆在压倒性位置，共抓大保护，不搞大开发”。何谓“生态文明”，如何“大保护”，实际上习近平总书记已给我们指明了方向，那就是“绿水青山就是金山银山”。林业在长江经济带中占有举足轻重的地位和不可替代的作用，但就我省林业发展现状而言，与其要求极不相称，林业产业创造的 GDP 在国民经济中占比微不足道，几乎可以忽略不计。许多地方拿着簸箕下地育苗，扛着锄头上山造林，握着镰刀进山抚育，“不平衡不充分的发展”在林业行业得到了很“好”的印证。省委、省政府提出“精准灭荒”，抓住了我省林业发展的关键问题，也是我省在长江经济带大保护过程中率先垂范的一次重大行动，我们一定要抓住机遇全力灭荒，大力发展森林资源，振兴林业，在长江经济带大保护中树立榜样，同时也相信其他省(自治区、直辖市)会迅速加入到灭荒大军中来，共同推动长江经济带大保护蓬勃发展。

（三）精准灭荒是精准扶贫的主要途径

荒山是“三农”问题的顽疾，荒山与贫穷相伴，灭荒能够致富。通过植树造林脱贫致富的典型比比皆是：有大型龙头企业如燕加隆科技营林有限公司近几年植树造林上万亩，企业效益良好，也带动蕲春等地的经济发展。有中小企业如来凤林发苗木产销专业合作社于 2013 年通过流转荒山 1 460 亩，种植茶花、桂花、药材等，到 2016 年实现年纯利润 470 万元。全村在册 107 户贫困户中有 48 户受雇常年在合作社务工，户年均收入1.4万元；22户零散工，户年均收入7 500元；37户参与药材种植，户年均收入2.4万元。全村农户年务工收入合计172.5万元，加上每年每亩地的520元的土地流转收入，全村贫困户已经全部脱贫。英山县孔坊乡樊家冲村香榧基地于2013年流转荒山137亩，通过参股控股，经营规模已达3 000亩，定向扶贫户193户，占周边4个村组贫困户数的50%。贫困户每户可免费获得30株香榧大苗，每年按比例分成收入3 000元，加上贫困人口每年受雇务工平均收入8 500元，贫困户年均增收1.1万元以上，基本上实现了脱贫目标。英山县孔坊乡陈家湾村郑某桥(60岁)是该村的精准扶贫户，在当地油茶场业主方某海处务工，年均增收1.2万元，生活状况有了明显改善。凡此种种，山区贫困人口多，山区脱贫的基本出路还在于灭荒、植树、造林。

三、湖北林业精准灭荒的重点与难点

（一）地荒不如心荒

地荒是客观的，心荒是主观的，心荒比地荒更难灭。心荒的主要表现有：一是畏难情绪，造林绿化这么多年，一些人说到森林覆盖率等工作业绩，便喜形于色，谈到剩下的硬骨头，就面有难色，站起来可以把“精准灭荒”口号喊得震天响，坐下来遇到具体问题时就沉默寡言，心虚也是心荒的表现；二是效益至上，所谓“好田好地还亏本，山上能有多大效益”，“见不到效益，农户没有积极性”，如此种种，很多人眼里只有小效益，没有大局观，看到困难，不想办法，先预设许多人为障碍；三是唯成本论，不是“东山造林每亩六百”，就是“西山要一千”，征询精准灭荒意见时，很多人异口同声要求“增加政府投入”，在一些人眼里只有政府拼命砸钱，精准灭荒才能玩得转。

（二）权属者参与度问题

权属者指荒山的所有者和使用者，所有者为集体或国家，使用者为集体、国家及企业和个人。精准灭荒过程的出发点和落脚点均涉及权属者。原则上讲，先期造林要征求他们的意见，后期管理也要交由他们负责，权属者参入度决定了精准灭荒的成效。权属者不能做旁观者，围观反过来会变成阻力，如英山、通山等地就出现过不准在他家荒山荒地造林的“钉子户”。只有权属者积极参与，精准灭荒才能完胜。荒山权属涉及千家万户，他们想法各异，真正让精准灭荒这一观念做到家喻户晓、人人明白，其工作量的确不小。

（三）行业责任问题

说到灭荒，大家首先想到林业部门。这的确没错，绿化是林业部门当管之责，林业部门是灭荒的主角，但精准灭荒不是林业部门的独角戏，国土、农业、矿业、水利、水电、旅游等行业也是其中不可或缺的角色。首先，林业与国土部门有林地和耕地（基本农田）之争，林业要“退耕还林”，国土要“林改耕”，观点莫衷一是，很难协调；其次，矿业部门开矿留下荒山，恢复困难，责任又落到了林业部门头上，以前收取一点可怜的植被恢复费只是杯水车薪，且现在这笔费用也不见了踪影；再次，水利水电部门有大额基建投资或高额行业利润，对库区荒山却视而不见，须知保持水土是森林的固有功能，库区灭荒理应成为水利水电部门的行业责任；此外，还有旅游部门，景观建设是分内之事，没有森林，何谈景观，景区灭荒必须由旅游部门负责，至于说引资入股还是自主造林，均属操作层面的问题，只要旅游部门承担起相应的责任，相信办法总会有的。

（四）适地适“植”

适地适“植”是精准灭荒的技术难点，我们不提多年习惯说法中的“适地适树”，是因为我省灭荒过程中出现许多不能栽树的地方被人硬性"适树"，成为人造荒山，适地适树有误导人的嫌疑。还有人把其他植物当做树看待，如单子叶植物中的毛竹，这样既不科学，也容易造成混乱。精准灭荒提倡适地适植，简单讲就是在不能栽树的地方，种植一些藤本、灌木，只要绿化成功，种植藤本、灌木又何尝不可。适地适植说起来容易做起来难，不仅选择造林植物种类、品种困难，技术策略上也存在问题。如在芭茅地上造楠竹林，就有成片改造和块状造林促进更替等多种方式，要考虑技术的可行性，也要考虑经济成本。适地适植的最终目的是要达到最佳绿化效果和较低经济成本的统一。

四、湖北林业精准灭荒的主体结构

（一）权属主体

权属主体就是荒山的所有者或使用者，包括企业(国营、集体)、集体和个人，他们是精准灭荒行动的直接受益者，也应该成为主人翁，他人不能反客为主。此次精准灭荒过程中可能有大量荒山荒地产生流转，从而产生新的权属主体。我们讲究精准灭荒与精准扶贫的有机结合，扶贫还应帮富，帮富不忘扶贫。在荒山荒地流转时，要注意除了签订扶贫协议、明确扶贫责任，还应该简化流转程序、协调当地关系，保证流转大户或企业能够进行正常生产经营。只有帮富到位，扶贫才能落到实处。

（二）责任主体

政府是精准灭荒的组织者和领导者，也是精准灭荒行动的责任主体。精准灭荒行动不完全是市场行为，不能完全交由市场机制进行操作，政府及其部门对精准灭荒负有不可推卸的责任。责任主体中的县(市)、乡(镇)两级政府是关键，既是中转站，又是目的地。各级政府要层层压实责任，并以责任状甚至“生死状”的形式确定下来。有了“生死状”，不留退路，才能保证相关部门全力以赴打好精准灭荒这一仗。

（三）执行主体

执行主体是指上山造林的队伍。除义务植树、爱心人士捐赠、户主自发造林等形式以外，绝大部分灭荒造林要靠专业队伍来完成。造林公司、造林专业队等是精准灭荒的主力军，也是“雇佣军”。使用“雇佣军”要付费，应该按市场机制要求进行规范运作，竞标、监理、验收、付款方式等各环节要坚持公开、公正、公平的原则，实施全流程、全方位监管。一些有实力的大公司建有自己专业的造林绿化队，对其企业权属范围内的荒山绿化，也要比照市场上其他专业队纳入监管范围，不能因为是“人民军”就网开一面。有关执行主体应适当降低准入门槛，让更多社会资源流入精准灭荒行动中来。

（四）支持主体

支持主体也是保障主体，包括科技支撑主体、种苗供应主体、森林防火主体等。灭荒灭到最后关头，不可避免会遇到各种技术问题，有些甚至是难题，有科技支撑做保障，会收到事半功倍的效果。种苗支持是精准灭荒的物质基础，巧妇难为无米之炊，精准灭荒不能唱空城计。森林防火是精准灭荒行动中及事后保护灭荒成果的关键，各级森林防火机构如护林防火指挥部(防火办)是精准灭荒重要的支持主体，其未来几年的工作重点是围绕精准灭荒开展森林防火工作。

五、湖北林业精准灭荒的策略与对策

（一）坚定信念，先灭“心荒”再灭地荒

坚定信念、坚强决心，是我们决战精准灭荒的制胜法宝。信念不是说有就有、说无就无的虚无缥缈之物，我们的信念和决心来自于党中央扶贫攻坚的战略决策，来自于省委、省政府消灭荒山、全面绿化湖北的重大决定，还有改革开放近40年来我省拥有的经济、科技实力作为坚强后盾。说到底，还是人民群众不甘贫穷落后、追求高水平物质文化生活和优美生态环境的社会需要，使得我们退无可退，不得不痛下决心同荒山作最后一战。我们要勇敢地面对荒山说“拜拜”，该喊的口号一定要大声喊出来，才能一扫心头上的那些畏难情绪和所谓的“合理说法”。要把思想和行动统一到省委、省政府的精准灭荒部署中来。俗话说“人心齐，泰山移”，更何况我们并不是要“移山”，只是要“上山”，“上山”并不打虎，只管栽树。我们必须坚定信念，振奋精神，迎难而上，夺取精准灭荒战役最后的胜利。

（二）全民动员，全面落实行业责任

全民动员不仅仅是为了造声势，更是精准灭荒的现实需要。首先，荒山权属者涉及千家万户，精准灭荒与他们的利益直接相关，只有他们积极参与，精准灭荒才能不少一个，不落一户，否则难免会冒出“钉子户”，其成果就会大打折扣。其次，精准灭荒不仅要消灭荒山，还应该通过此次行动进行一次全民教育，让人人成为爱林护林使者、森林防火志愿者、生态安全守护者，如若只顾灭荒，目的只达成一半，甚至是一小半。再次，林业部门在精准灭荒行动中担任重要角色，包括组织协调、科技支撑、苗木调运、检查验收等都是分内之事，但不可能大包大揽、包打天下。下面是一些相关部门的主要职责，我们可以窥豹一斑。

1. 国土部门和农业部门

这两个部门的争论焦点是“耕地”与“林地”之争，主要有下面两种情况：一是原有坡耕地，在国土、农业部门看来属于基本农田，将其定为“耕地”，但实际上荒芜多年，有的甚至达 10 年以上，此类情况在山区县(市)比较普遍，如谷城盛康镇筒车村、艾畈村等，当地农户早已自发种植一些木本粮油树种，如油茶、板栗等经济林树种，也有杉木、湿地松等用材树种。此类问题应按照“三尊重”原则来解决，即尊重自然、尊重现实、尊重农户意愿。油菜是油，油茶也是油，像这些木本粮油树种，国土、农业部门应该予以承认；而像杉木、松树等用材树种，应该由林业和国土、农业部门采取“双向承认”的办法来解决，即林业部门承认“地”，国土、农业部门承认“林”。靠低产低效山坡地解决不了多大的粮食安全问题。退一步讲，真正到了万不得已的时候，一夜之间就可以将林地改为耕地，不费吹灰之力。但将荒地变成林木就不是一两天的事，十年树木得费九牛二虎之力。二是所谓的“占补平衡”问题。近年来，不少基本建设占地原先大部分是基本农田，为了保住“红线”，来了一个“占补平衡”政策，说白一点就是将林地改为耕地。如：浠水县洗马镇某树村、某家畈村各毁竹林 140 亩、杂树 120 亩，并冠以“低丘岗地改造项目”，而改造后又规定可以“宜林则林”；浠水县兰溪镇某马山改造后又重新造林，面积为 2 000 余亩，翻来覆去折腾，里面有巨大利益输送。像这种明目张胆地与国家退耕还林政策对着干的行为要明令禁止，对其中的违法违纪人员应查实法办。

2. 矿业部门

大大小小的矿区遍布全省，既有煤矿、铁矿、铜矿、磷矿、硅矿等，也有采石场、取土场，几乎所有遗弃矿区都没有恢复或恢复不完全。尽管财政部门收取了所谓的“植被恢复费”，但无一例外都没用在矿区植被恢复上，原因很多，诸如技术难度大、费用高昂等，但主要原因还是“不上心”。矿业主管部门要主动参与、督促有关部门和企业，完成事前承诺。财政部门应在精准灭荒行动中列出专门预算。科技支撑主体也要迅速行动，尽快解决有关技术难题。

3. 水利水电部门和旅游部门

水利水电部门与精准灭荒的结合点在库区，森林保持水土、涵养水源等功能使库区直接受益，库区灭荒水利水电部门责无旁贷。我省大库区有三峡库区、丹江口库区等，小库区则不胜枚举，库区荒山不在少数，像丹江口库区江北就有数万亩石漠化荒山。如果说别处精准灭荒还存在资金投入方面问题的话，那么水利水电部门以其雄厚的经济实力就不会有任何“钱”的难处。我们要以这次精准灭荒行动为契机，在库区建立长效补偿机制，不再就事论事，做到有荒必灭，真正使库区变得无山不绿、有水皆清。

旅游部门所管辖的景区荒山也普遍存在，如大悟十八潭景区就有数百亩荒山。荒山绿化本身是景区自身建设的基本需求，有需求就应该有行动，旅游部门要借此机会一举灭掉景区的所有荒山，没有任何借口可讲。景区灭荒比一般灭荒要求应更高，应结合景区建设和自然地理条件等优化树种结构，将绿化点变成景点。

（三）应灭尽灭，不留任何荒山死角

要想做到应灭尽灭，必不可少的一项关键措施是亮出所有荒山底牌，结合这次荒山调查，将本县(市)荒山信息公之于众，包括荒山位置、面积、立地条件、成荒原因、权属关系等在网上公开发布。一来这样有利于监督，二来有利于林地流转。

应灭尽灭还要通过大规模灭荒行动，激发、带动全民植树造林的热情，开展各种形式的灭荒活动，如义务植树、个人捐赠、农户自造、多种纪念林等，充分利用林地资源，不留任何荒山死角。

多大面积才算荒山，有人说1亩，也有人说5亩、10亩，见仁见智。如果说操作在策略上可以先易后难，由近及远，首先灭掉“可视”范围内的荒山，然后依次推进，完全是一种正确选择。但将操作策略当成荒山定义，则会出现逻辑问题。如果说可视范围为10亩，其他地区为50亩才算荒山，那么特别地区、边远地区就可定为100亩、200亩，甚至300亩、500亩了。这样还需要灭荒吗？我们倾向于3年内凡不能通过封山育林等形式自然成林的荒山荒地都要纳入精准灭荒范围，做到应灭尽灭。此外加上“可视”二字，很容易使人联想到“形象工程”“面子工程”，反而失掉了政府精准灭荒行动应有的形象和面子。

（四）尽力而为，建立有效灭荒模式

精准灭荒是省委、省政府组织领导的一次重大战役，我们必须高起点、高标准、高质量完成全省灭荒任务，在经济技术条件允许的前提下要尽力而为，力求在预定期限内尽快达到绿化效果，下面就不同经济技术水平和造林难易程度，分述我省几种主要灭荒模式及途径。

1. 矿区绿化

矿区绿化无异于“石板栽花”，主要是客土植树成本较高。经济技术条件较差的地方可采用二阶段造林法，即第一阶段用少量客土种植一些强耐性藤本植物，如爬墙虎、葛藤、紫藤、三叶木通等攀附藤本植物或马桑等灌木；第二阶段待积累些许土壤和腐殖质时，再考虑种植抗性较强的灌木或其他先锋树种等。两个阶段之间间隔较长，关键是第一阶段必须保证成功。经济技术条件较好的地方可以采取打穴客土直接造林或网格控制客土造林的方法，许多高速公路和铁路两旁岩石裸露坡地绿化就是采用上述方法，值得参考借鉴(见附件)。

2. 石漠化（荒漠化）造林

我省石漠化荒山面积较大，常见有零星蔷薇科植物(刺类植物)或小灌木分布。

石漠化地区往往是贫困地区，搞大面积整地造林，经济上承担不起，只能补种一些灌木或小乔木，如白花刺、马桑、胡枝子、黄荆条等。如果经济技术条件允许，不妨以小面积高规格整地造林做示范，引领日后石漠化荒山造林发展方向(见附件)。

3. **火烧迹地造林**

我省的森林火灾往往由地表火引发，安全度过幼林期，抵御可能发生的地表火，是灭荒成败的关键。经济条件允许的地方应考虑结合整地一次清除地面可燃物，如五节芒(俗称芭茅)、白茅(俗称思茅草)等；经济条件较差的地方除做好防火工作外，可选择速生且萌发能力强的树种，如泡桐、厚朴等作为造林树种，快速郁闭成林，日后自然演替能短时间内清除强阳性植物，如五节芒、思茅草等。鄂南通山等地还可以在芭茅地上营造楠竹林，依靠地下竹鞭的强劲穿透力逐渐淘汰地上的芭茅(见附件)。火灾频发的迹地造林还要注意两点：一是建好隔离带，包括空白隔离带和防火林带；二是尽量营造混交林，避免形成连片松、杉类等针叶纯林。隔离带设计和混交树种搭配技术要求较高，不能一概而论。

4. **幼林抚育管理**

幼林抚育管理是成林的关键措施，但往往没有引起足够重视，造成“一年苗比草高，二年草比苗高，三年有草无苗”的结果。育林抚育管理方式多种多样，但目的只有一个，那就是必须保证幼林成活并正常生长发育到成林阶段。鄂西北等少雨地区在一定面积范围内应从山脚到山头依次建立梯级蓄水池，满足幼林抗旱需要。除杂、除草也是幼林抚育管理的必要措施，手工操作效率低下，可采用割草机等小型农机具代替手工操作提高效率，尽量不用药物除草，以免造成环境污染，得不偿失。

5. **精品战略**

精品战略也可以说是品牌战略。在精准灭荒过程中我们不能一味追求速度，草草结束战斗，应有所突破和创新：一是要在难造林地区如矿区、石漠化地区绿化成功，且能在相似地区有效复制和推广；二是要建立高效林（包括经济林、用材林等），辐射带动周围贫困户脱贫。精品战略有普遍意义，全省各地应结合当地实际创造出一批精准灭荒精品案例，尤其在现有荒山面积不到林业用地面积0.5%的县（市），像谷城（0.22%）、来凤（0.33%）等，打造精品、灭荒脱贫应该成为此类地区精准灭荒的主旋律。

6. **封育结合**

封育结合是指通过封山和适当补植的方式达到灭荒目标的模式。封育结合适用于斑状或稀疏林荒山，其优势是省工、省力、成本低，但效率也低，耗时短则三年、五年，长则八年、十年。我省此类荒山分布广，面积较大，一些看似有林、实则荒山的地段不在少数。随着农村外出务工人数增多，人为干扰减少，为封育结合模式应用和推广提供了比较理想的外部环境，只要坚持下去，会逐渐显现出良好效果。

（五）备足苗木，保证灭荒造林用苗

备足苗木既是精准灭荒的对策，也是实际工作的需要。没有苗木，造林灭荒只是空谈，我省3年灭荒共需各种苗木7亿余株，需求巨大，缺口也大，仅大悟县苗木缺口就达500余万株。解决苗木问题还是需要老办法——计划下的市场调节。省、县两级要有指导性计划，特别是县级林业主管部门应结合本地精准灭荒现实需要制定出苗木生产计划，鼓励苗木骨干企业、育苗大户（专业户）等积极参与市场竞争，变以往培育园林绿化苗木为荒山绿化苗木；也鼓励有技术优势、育苗经验丰富的个人或团体开展灭荒育苗，生产适销对路的苗木品种。一般来讲，不提倡从外省调苗，最好省内解决；即使从外省调苗，也应限制在周边地区，以提高造林成活率。各级林业种苗管理机构在未来3年内要围绕精准灭荒做好苗木供应及调剂工作，充分保

证造林用苗。

（六）强化监管，确保青山流淌“绿水”

每当国家有重大项目时，总有些人会动“歪脑筋”，有以权谋私的，也有弄虚作假的。因此，纪检、监察部门要及时跟进，跟踪监督精准灭荒行动全过程，特别是对关键人、重点环节、重要地段等实行全程、全方位监控，防患于未然，保证青山流“绿水”，不淌“浑水”。

第一，保证专款专用，不挪作他用，严禁各地以所谓“统筹”“整合”的名义占用、挪用精准灭荒资金。

第二，严禁用有林（主要是指幼林）充荒、虚报面积、以少报多等手段骗取项目资金，把好设计、验收关口，对设计、验收人员要集中培训、统一标准，有关结果、结论一定要张榜公示，对徇私舞弊或以权谋私者，一旦发现要严惩不贷，进行通报，以儆效尤。

第三，做好精准灭荒与其他国家项目的衔接工作，精准灭荒是省级重点工程，有别于其他项目的投资力度，要一项一算，不搞项目间的重叠交叉，同时鼓励社会捐资或合法融资投入到精准灭荒行动之中，这对于一些造林难度大、资金投入大的灭荒项目是非常必要的。

六、湖北林业精准灭荒成果的巩固措施

（一）甄别精品、成品和次品、废品

一个造林季过后，要对上季精准灭荒行动进行一次全面系统的总结，确认精品、成品，淘汰次品、废品，赏罚分明，举一反三，保证灭荒质量，也有利于之后精准

灭荒工作顺利开展。

1. **建档立卡**

精准灭荒也是某种意义上的“定点灭荒”或“定点清除”，要结合前期荒山调查，将每块荒山建档立卡，包括权属、地理位置、海拔高度、类型、面积、立地条件、坡度坡向等详细信息，也可以将相关信息标识于图上，进行所谓的“挂图作战”。

2. **建立科学评价体系**

以定量与定性相结合的方式建立科学、客观的评价系统，对造林设计、树种选择、整地方式、幼林成活率、成活状况、造林成本等进行综合评价，相关评价宜交由第三方独立完成，以示公正。

3. **建立激励机制**

对精品进行适当奖励，对次品、废品等要限期处理，补造甚至重新造林，责任直接到人，而且“费用自理”。

（二）“村村通”延伸到“山山通”

我国铁路、公路网现已基本成型，就像是人体有了大动脉，乡村公路属小血管，但最后“一公里”的毛细血管往往容易被忽略。大家都知道毛细血管到哪里，哪里的人体组织才能活起来，毛细血管不到的地方就是死组织。灭荒的前哨在山上，只要我们把道路交通基建投资零头的零头放进山里，将“村村通”往前顺延到“山山通”，做到林区道路山山相连，使物资、能源等顺畅地流到山头，就能有效保护、巩固灭荒成果，还能使资源“活起来”，整个国民经济也就真正成为一个活的有机体。

有了“山山通”，我们不仅能够有效进行精耕细作，还能够“广种薄收”。几十亩、上百亩精耕细作还可以，几千亩甚至上万亩林分如何精耕细作。“广种薄收”才能体现规模效应，“广种”不一定“薄收”，而是有可能“丰收”或“暴利”。精耕细作示范效应与广种薄收规模效应有机结合，相互补充，才是切实可行的办法，也是好办法。

“速生丰产”与“精耕细作”类似，也是有条件的。山高路远的地方想要速生丰产困难重重，不妨换作“慢生珍贵”。在人烟稀少的边远山区种植一些珍贵树种如金丝楠木等，不仅实现了灭荒目标，而且仅就经济效益而言，也不在“速生丰产”之下。“速生丰产”解决眼前急需，“慢生珍贵”则利在长远，二者相辅相成。

有了“山山通”，我们才能够实现对所有森林资源全面实行有效的经营管理，把资源变成真正的资产和财富，三年脱贫攻坚也有了现实基础，林业事业也不是现如今国民经济的“搭头”，而应该成为“大头”。

（三）灭荒更要灭火

“灭荒不灭火，造林白忙活”。火灾既会烧毁林木、生成荒山，又会造成人民生命财产的重大损失，造成社会动荡。火灾既是天灾，也是人祸，天灾无法，人祸可控。结合本次精准灭荒，我们还要进行一次全面的森林防火宣传教育，提高全民森林防火意识。“三不管”边远地区是森林火灾的重点防预地区，要强化村组、乡（镇）际、县（市）际间联防联治，特别是村组之间要建立起半专业化森林防火联队，形成制度，火情有人抓、有人管。须知火灾是没有边界的，要把他村当做咱村管。

我省已初步建立起生态护林员制度，组建了具有一定规模的护林员队伍，应该说这有利于森林防火工作的开展。但基层一些地方硬性规定护林员必须是贫困户，不管其是否具备护林防火能力，还美其名曰“扶贫”，叫人啼笑皆非。我们不反对优先安排贫困户就业做护林员，只要他们能胜任工作。但从现实情况来看，由此安排的护林员往往是一些残疾人，他们自身尚且难保，将如此重要的岗位当做福利，简直把森林防火当儿戏，误民害人。主管部门必须对全省护林员队伍进行一次全面清理，纠正上述错误做法。

此外，还要一如既往加强森林防火基础设施和队伍建设，如林火监测、设施设备配置、人员培训等。

（四）建立长效机制

1. 长期责任制

精准灭荒对于有关县(市)、乡(镇)、村主要领导而言是任期负责制，要将精准灭荒纳入有关责任人的政绩考核，并记录在案。将有关权属者连同其精准灭荒相关信息长期保存，其他如执行主体、支持主体等有关协议、工作状况和其他相关信息同样应长期保存。所有相关人员对精准灭荒都负有长期责任。

2. 责任追究制

权属者既是精准灭荒的受益者，也是责任人，对幼林抚育、森林防火等负有主体责任，特别是 3 年过后到成林期间的空档期，他们要及时履行管护责任。如因责任问题出现复荒，要责令其限期灭荒，否则要进行必要的惩罚，甚至让其赔偿损失。其他相关人员也要各自承担相应责任。

3. 灭荒持续制

灭荒持续制也可以说是荒山动态管理制。由于采伐、占用、灾害等原因，荒山会呈现动态变化，今年去了，明年又来。首先，要进行动态监测，掌握荒山变化信息到山头地块。其次，要坚持“谁造荒谁造林”的原则，采伐的林木要当年更新，占用林地要及时恢复原貌，火灾致荒要查明原因，当事人除负法律责任外，还要承担灭荒费用，无能力行为人要依次追究其家庭直至村集体的相关责任。

七、建议

(1)建立专家系统，整合我省林业和相关专业领域技术资源，建立湖北林业精准灭荒专家系统，搭建专家服务平台。

(2)设立专项，建议省科技厅设立专项，对我省精准灭荒有关技术难题如矿区灭荒、石漠化荒山造林等进行专题研究。

(3)建立技术标准，建立我省不同地区特别是困难地区精准灭荒技术标准和相关技术规程。

作者介绍

张家来，男，汉族，1961 年 11 月出生，湖北省林业科学研究院林业经济学科负责人，二级研究员，湖北省林业咨询专家，湖北省人民政府应急管理专家，全国优秀林业科技工作者。先后主持或作为主要完成人参加国家及省部级重点科研项目 18 余项，其中 9 项科研成果分别获得湖北省人民政府、原林业部科技进步一、二、三等奖。先后在国家级、省级刊物上发表论文、译文 50 余篇，参加编写学术专著 2 部。目前主持省部级重点科技项目 4 项，内容涉及林业碳汇、森林认证、林木种质资源平台、森林生态效益监测及评估、森林资源资产评估等众多方面。

郑兰英，湖北省林业科学研究院正高级工程师。

熊德礼，湖北省林业科学研究院研究员。

附件：湖北典型困难地精准灭荒造林模式

附表　湖北典型困难地精准灭荒造林模式

序号	立地类型	分布地区	灭荒难点	模式选择	整地方式	造林树种［造林密度/(株/亩)］	种苗要求	幼林管理	辅助措施	关键技术
1	鄂南芭茅地	通山、通城、崇阳、咸安、赤壁、大冶、阳新等地	清除芭茅、森林防火	简易模式	穴状整地	泡桐(33～60)、毛竹(22～35)、厚朴(111～167)等萌蘖树种	泡桐 3 m 以上，其他 1 m 以上	泡桐平茬，幼树周围除杂	建防火带	泡桐平茬，适度密植
				优等模式	带状整地	油茶(74～111)、毛竹、厚朴等	油茶 30 cm 以上，其他 1 m 以上	割灌机等除芭茅	反坡筑埂、保持水土；间作	防止带内芭茅复生
2	废弃矿区地	全省各地	整地、客土、保水	简易模式	挂网	爬墙虎(222～333)、迎春(222～334)、紫穗槐(334～450)、胡枝子(334～450)等	容器苗	抗旱	铺草坪	树种选择及挂网
				优等模式	鱼鳞坑、板槽	凌霄(111～222)、紫藤(111～222)、崖豆藤(111～222)、黄荆条(334～450)、山胡椒(334～450)、金樱子(334～450)、猕猴桃(111～167)、葡萄(111～167)	容器苗	培土、抗旱	铺草坪	整地及保证幼林成活
3	鄂东瘠薄地	鄂东地区	树种选择、整地、培土	简易模式	穴状整地	松(167～222)、栎类(111～167)；刺槐(111～167)、黄荆条、山胡椒；胡枝子、紫穗槐	种子直播	除草、除杂	防火	防火、抗旱
				优等模式	带状整地	枫香(74～111)等及菇耳林、油茶等经济林	枫香等 1 m 以上，油茶 30 cm 以上	除草、除杂	间作	抗旱
4	火灾频发地	全省各地	防火、整地	简易模式	穴状整地	针阔混交［栎类、石楠(111～167)、泡桐］	泡桐 3 m 以上，其他 1 m 以上	除草、除杂	阔叶树尽量选择防火树种	建防火林带等隔离带
				优等模式	带状整地	阔叶混交［枫香、檫木(111)、毛竹、油茶、马褂木、杨梅(111)等］	1.2 m 以上，油茶 30 cm 以上	除草、除杂	间作	建防火林带等隔离带

续表

序号	立地类型	分布地区	灭荒难点	模式选择	整地方式	造林树种［造林密度/（株/亩）］	种苗要求	幼林管理	辅助措施	关键技术
5	石漠化山地	鄂西北及其他类似地区	整地、树种选择	简易模式	穴状整地	紫穗槐、胡枝子、马桑（444～666）、白花刺（444～666）等	直播或容器苗	培土、抗旱	建简易蓄水坑	地膜保墒
				优等模式	机械风炮整地	侧柏（111～222）、刺槐、栎类等	容器苗	培土、抗旱	建梯级蓄水池	使用保水剂
6	石灰岩裸露地	全省各地	整地、培土及树种选择	简易模式	穴状整地	侧柏、枫香、南酸枣（111～222）等	容器苗	苗木周围除草、除杂	尽量保留原生植被	防止水土流失
				优等模式	穴状整地	侧柏、枫香、马褂木、檫木（111～222）、银杏（74～111）等	容器苗	苗木周围除草、除杂	尽量保留原生植被	防止水土流失
7	高陡荒坡地	全省各地	操作困难	简易模式	点穴整地	松栎和灌木类	种子直播	除去苗木周围杂草等	轻度除杂	种子与他物混合比例
				优等模式	挂网	松栎和灌木类	种子、保湿剂、混凝剂等混合	除去苗木周围杂草等	除去杂草、杂灌	处理种子，提高发芽率
8	水岸涨落带	三峡、丹江库区和河流两岸	水陆交替、树种选择	简易模式	穴状整地	池杉（111～167）、杨树（33～55）、乌桕（74～167）、垂柳（111～167）等耐水树种	杨树 3 m 以上，其他高过淹没水位 50 cm 以上	蔸部培土		树种选择
				优等模式	穴状或带状整地	池杉、杨树、重阳木（74～167）、黄连木（74～167）等耐水树种	杨树 3 m 以上，其他高过淹没水位 50 cm 以上	蔸部培土	筑拦水堤岸	树种选择

甘肃河西荒漠绿洲农田防护林建设探讨*

满多清　徐先英　马立鹏

我国西北干旱区大面积的沙漠、戈壁和荒漠化土地中交错分布着一片片绿洲。虽然这些绿洲仅占西北干旱区面积的4%，却养育了干旱区90%以上的人口、城市、乡村，是我国西北地区工农业生产和经济发展的中心。但自古以来，绿洲始终是风沙侵害之地，为了保护绿洲，当地人民一直不停地营造和维持着绿洲防护林以阻挡风沙入侵，有“无水不耕，无林不农”之说，可见防护林对绿洲生存生产的重要性。

20世纪50年代以前，甘肃河西绿洲防护林树种主要以当地柳树、榆树、沙枣和小叶杨、刺槐为主。相关记载中这里黑风暴多，绿洲内自然灾害频发，十年九旱，生产力低下，农业生产随气象的变化而波动。随着农业、林业科学技术的进步，林业科技工作者借鉴国内外防护林建设经验，通过引种筛选，实践选优与淘汰，并采用窄林带、小网格和大面积的农田防护林营造，结合各种生态林、经济林建设，使绿洲防护林得到了规模化、体系化发展，农业生产也大幅提高。但随着社会经济发展，人口增加，绿洲面积扩大，区域旱化、病虫害严重、渠系水泥化、造林地缩小等问题陆续出现，使绿洲防护林退化，绿洲可持续发展受到了一定影响。

本文以甘肃河西绿洲几十年来农田防护林发展的理论与技术、实践经验与管理

* 2018年8月国际防护林学研讨会暨三北防护林体系建设工程40周年发展论坛上的专题报告。

措施、存在问题等的研究进展为例进行概述，以期让相关研究有所借鉴。

一、自然概况与调研方法

河西走廊位于欧亚大陆腹地，东起乌鞘岭，西迄甘新交界，祁连山以北，北山以南，是自东向西、由南而北倾斜的狭长地带，东西长1 000 km，南北宽几千米到百余千米不等；海拔1 000～1 500 m，地势平坦；沙漠、戈壁与荒漠草原是主要自然地理环境。区域内三大内陆河滋养着一定面积的绿洲，绿洲与沙漠交错分布，绿洲内土地肥沃，是我国十大商品粮基地之一。

河西走廊远离海洋，气候干旱，年均降水量为50～200 mm，年均蒸发量为2 020～3 900 mm；年均气温为5～10 ℃；年均日照时长为3 000～4 000 h，年均太阳总辐射为(50.241 6～64.9)×10^8 J/m^2，大于等于10 ℃年积温为2 500～3 000 ℃；年均无霜期为140～170 d；干旱、沙尘暴、干热风等自然灾害频繁；土壤以风沙土、灰棕漠土、棕漠土、绿洲灌淤土和黄土为主；自然植被稀疏，以沙旱生、超旱生荒漠植物为主；为典型温带大陆性干旱和半干旱荒漠气候。

本文对60年来河西绿洲农田防护林林种、生长状况、树种搭配、模式、经济林、生境、防护效益、苗木培育，以及城镇、村落、工厂企业园林绿化，古树保护和存在问题、发展趋势等进行了调查研究，并进行了几十年来农田防护林体系发展演化分析。

二、农田防护林树种选择与林种多样化发展

20世纪上半叶之前，河西内陆河流域水系较为发达，主要在绿洲“四旁”、滩地

等分布有零星散状柳树、榆树、沙枣和小叶杨、刺槐等，一些村落、寺庙、坟地、古建筑等地有圆柏、侧柏、青海云杉等当地乡土树种生长，有些古树达500龄以上，农田内部基本无农田防护林，防护效益低下。20世纪50—70年代，研究人员在河西绿洲进行了大规模的防护林树种引种驯化与防护林营造，先后引进了100多个杨树树种和品系进行选优和杂交选育、适应性特征、优树选择与生长进程观测、有性与无性繁殖、种性改良、难繁杨树育苗、杨树与污染生境、病虫害防治等方面的长期研究，基本掌握了主要杨树树种的适应性栽培区域和生长特性；还进行了杨树种间杂交，花粉辐射育种，河北杨种源间过氧化物酶同工酶、a－淀粉酶同工酶的遗传分析，河北杨地理种源的蛋白质电泳，胡杨染色体核型，二白杨农田防护林成熟龄和更新龄，新疆杨在河西地区生长进程和适应性，合理灌溉与杨树水分生理，复壮更新，防护林定向经营，杨树物候等研究。在实践中，大多数杨树种因不适应当地的自然条件或育苗难而被淘汰，研究人员选择出了二白杨、箭杆杨、北京杨、加拿大杨等作为主栽树种，而二白杨是河西走廊箭杆杨与小叶杨混生地带的天然杂交种，其易繁殖、速生、适应性强、防护效果好、成林成材快的特点，被当地人民的普遍接受，使绿洲及绿洲边缘的防护林有了大面积的发展。据1985年相关数据统计，河西共营造农田防护林及“四旁”植树173.47万株，其中二白杨树种就占到90%左右，造成了防护林树种单调，特别是黄斑星天牛等蛀干性害虫自东向西迅速蔓延；再加上干旱、胁地作用和造林积极性降低等因素，还造成了二白杨农田防护林整体衰退。

进入20世纪80年代之后，由于绿洲扩大，水资源被过度开发利用与地下水位下降，生态恶化，风沙灾害频发，防护林建设的需要和城镇、村庄园林绿化发展，我国又开始了多样化树种的引种驯化与选育栽培，选择和培育出了新疆杨、银新杨、毛白杨、三倍体毛白杨、樟子松、青海云杉、祁连圆柏、枣树、梨树、旱柳、馒头柳、臭椿等10多种抗逆性强的农田防护林树种，以逐步替代衰退的二白杨防护林，并以树种成熟龄（如大多数速生杨树的成熟龄大约为12～15年）为周期进行速生优势树种轮换更新。

对于常绿树种的研究，中前期主要开展了青海云杉、侧柏、祁连园柏、油松、杜松、刺柏、华北落叶松等乡土树种的育苗造林技术实践与推广。自20世纪70年代，我国开始从东北引进樟子松进行生态适应性的长期观察，并实现了本地化规模化育苗、造林。研究表明，樟子松是河西针叶树种中抗逆性最强、最耐旱且最速生的针叶树种。近年来，我国又引进了适宜沙地生长的沙地云杉、章武松、斑克松等，以松改杨、松杨结合、针阔混交防护林也正在河西绿洲农田防护林中扩大。

经济林树种中的一些苹果、梨品种在20世纪90年代有一定发展，但因苹果的产量、质量较低和市场影响，目前苹果树已基本退出防护林体系；梨树较苹果树适应性强，目前作为农田防护林的补充发展。林粮间作的临泽小枣林、民勤小枣林在河西绿洲防护林中的面积正在扩大。

民勤沙生植物园与河西各地筛选和培育了30多种耐旱沙生灌木，在实践中熟化了育苗造林技术，在绿洲边缘农田防护林和防风固沙林体系中大面积应用，其中的锦鸡儿属、沙拐枣属、柽柳属、霸王属、白刺属、柳属（灌木）、梭梭属、花棒属、沙蒿属、油蒿属等有效地保护了绿洲。

总之，农田防护林树种有速生、中生和慢生等生物学特性，速生树种有生长快、成林快、防护和经济效益高的优点，也有胁地作用大、成熟周期短、经营成本高的缺点；慢生树种则反之。为了加强防护林树种多样化，促进生态环境的持续稳定发展，我国在继续引种培育抗逆性强的树种发展的同时，也将过去放弃的一些经济效益低、生态效益好的乡土树种重新应用于农田防护林营造，以增强防护效益，使防护林树种多样化，兼顾生态和经济效益，长短结合，实现科学合理发展。

三、农田防护林结构与模式

通过长期的实践与研究，我国归纳出了河西地区宽林带大网格、窄林带小网格、“四旁”林大网格＋农田自由林、用材林大网格＋区域特色经济林小网格、用材林大网格＋沙旱生灌木林小网格、林粮间作林网、绿洲边缘防护林、自由林网等典型的荒漠绿洲农田防护林模式，对其生长适宜条件、技术措施、存在问题进行了分析和评价。经过农村承包责任制和市场经济几十年的发展，农民基本农田细小化或农场扩大化同时并存，“四旁”中渠道水泥化、水域缩小或消失，限制了窄林带小网格农田防护林的发展，而村镇居民点的增加，各级道路尤其是乡村道路的网络化布局却大大增加了造林机会，以树型、速生慢生、远亲、抗性、生态位、多样化的绿洲防护林树种结构搭配，针阔、乔灌林种多样化，“四旁”园林化、规模化生态林业为基本骨架，农田特色经济林、林粮间作、区域自然式林业、耐旱节水生态经济型等各种林业体系有机结合形成的防护林体系是未来绿洲防护林发展的趋势。

四、农田防护林效益

由于河西走廊为南北两山间的狭长平原走廊，其走廊的狭管效应往往使通过其间的风力加速，常造成灾害性风沙天气，而防护林具有阻挡风沙、降低风速、改善小气候的作用，对绿洲保护和生产力发展起着关键作用。实践中，窄林带小网格、大面积杨树防护林防护效益最佳，基本防止了风沙灾害，并显著改善了绿洲农田小气候，提高了土地生产力，产生了良好的效果。但也存在着一些沙区边缘绿洲防护林带过密的现象，有些杨树防护林主林带间距仅为 30 m，经观测防护林一侧农田的胁地作用可达 15 m 以上，使防护林的胁地作用对农田全覆盖，造成了作物减产和防护林占地面积过大的情况，降低了营造防护林的积极性。而宽林带大网格防护林也存在着占地面积大、林带间距大、防护效益较差的情况。从总体上来说，河西地区的防护林效益在20世纪80年代达到较好的水平，之后整体衰退，局部好转。目前，随着河西三大内陆河流域地下水位普遍降低，旱化加剧，生态退化，绿洲边缘的防风固沙林也已衰退，风沙对绿洲的入侵风险进一步增加，防护效益有待改善。

五、存在问题与对策

造林树种单一和关键树种育苗造林技术滞后，影响了防护林的多样性发展。一个树种能够大面积推广需具备适应性强、易繁殖、成本低、易操作、经济效益、易接受等特点。由于河西地区自然条件严酷，多年来虽然培育和引种驯化了不少树种，但区域性零星栽植的多，适应性强、大面积推广造林的少，形成了几十年来大面积造林树种单一的局面。中华人民共和国成立后一段时间，河西地区以沙枣、榆树、柳树为主造林多年，后来以二白杨为主造林，目前又用新疆杨替代二白杨，造成了防护林树种单一的现象。一些引种栽培后适应性强的关键树种因育苗造林技术不过关，发展滞后，影响了防护林的多样性和防护效益。如新疆杨于1961年从新疆被引种到河西，其适应性强、生长好，是与二白杨同期应用到河西的优良树种，但因其扦插育苗技术不成熟、成活率低、苗木短缺，并没有在造林中得到广泛应用。而经过多年探索才发现，将新疆杨插条沙藏或在流水中浸泡一定时间，让一些阻碍生根发芽的化学物质在插条中降低或消失后，就可大大提高插条成活率。虽目前已有效解决了育苗技术问题，但新疆杨规模化发展却滞后了将近20年，造成了二白杨的单一发展。沙拐枣也一样，其枝条本身含水率低，把生长中的沙拐枣枝条直接剪成插穗在沙丘或沙地上扦插造林，成活率极低，若将插穗浸入水中一段时间，让其吸足水分后再扦插造林，成活率就会大大提高。樟子松引进河西已有近40年的历史，但由于针叶树本身生长慢的生物学特性，从种子到造林苗培育需8～10年时间，其他常绿树种也一样，苗木价格高，虽在城镇园林绿化和公益林中已得到大量应用，但在绿洲农田防护林中应用还较少。所以，应加强林木育苗造林实用技术的研究与发展，为防护林苗木繁育与营造提供更多的成熟技术支撑。只有依靠科技，大力发展防护林的多样化，才能进一步提高防御风险的能力。

防护林在城镇、村庄发展，农田衰退，防护效益降低。近年来，由于气候变暖，城市、乡镇、村庄、道路增加，以及区域扩展和园林绿化的发展，其防护林林种多样、针阔混交，已成为防护林树种引种驯化的试验场，较大地提升了河西防护林体系建设，其"四旁"植树正在发展成为河西防护林体系的基本骨架，重要性逐渐上升。相反，因绿洲承包土地的细碎化和精耕细作、灌溉渠道水泥化、防护林胁地、林木经济效益低、水资源短缺、病虫害频发、造林地减少等因素，造林积极性降低。随着原有防护林的老化和衰退、更新替代缓慢，大面积绿洲农田防护林网景观破碎化和林带缺失、防护效益降低的现象出现，也显著降低了防护林抵御沙尘暴等自然灾害的能力。针对目前农村发展现状，应调整防护林体系建设战略思路，进一步加强"四旁"植树，发展绿洲和边缘生态公益林建设，形成形式多样的防护林体系基本框架；同时，在农村基本农田区域提高营造防护林的积极性，促进特色经济林、林粮间作和各种形式的林种多样化的自由林业发展，以逐步完善防护林网建设，保护并改善绿洲生态环境。

作者简介

满多清，男，汉族，1966年出生，甘肃省凉州市人，博士，研究员，主要从事荒漠生态环境与荒漠化防治研究。1996—1997年，在新西兰梅西大学留学。主持完成国家自然科学基金、国家和省级科研项目20余项。先后获甘肃省科技进步一、二等奖5项、三等奖1项，“九五”国家科技攻关优秀成果奖1项等。入选中科院“西部之光”人才计划，获第二届“甘肃省林业青年科技奖”，获“甘肃省领军人才”“甘肃省优秀专家”称号。被聘为非洲国家荒漠化防治咨询委员会咨询专家、科技部国际科技合作项目评估专家。在国内外学术期刊上发表论文60余篇，参编专著2部。

徐先英，甘肃省治沙研究所研究员。

马立鹏，甘肃省三北防护林建设局局长。

第三篇

调研报告

中国林学会精准服务基层林业科技工作者调研报告*

周晓光　李　彦　曾祥谓

引　言

中国林学会始终将“服务科技工作者”作为组织发展的使命与宗旨之一，在服务基层林业科技工作者的成长成才中做了卓有成效的工作，初步呈现出“学术交流品牌化、人才举荐规范化、创新驱动高效化、科普惠民常态化、决策咨询专业化、期刊建设精品化”的良好服务格局与发展态势，有效提升了学会服务科技工作者的能力。但是，与深入推进林业供给侧结构性改革的要求相比，与林业科技工作者日益变化的服务需求相比，中国林学会的服务水平仍存在一些问题与制约因素，比如服务手段与方式、效率还有待进一步提升，服务机制与模式、载体还有待进一步创新，服务队伍与平台、渠道还有待进一步建设等，导致基层林业科技工作者的多样化需求还不能被有效快速地满足。

中国林学会高度重视“精准服务林业科技工作者”的调研工作，组建了研究团队，专门吸收了来自林业高校、林业科研院所、省级林学会的科技管理人员参与课

* 2017 年 6 月中国科协九大代表调研课题“中国林学会精准服务基层林业科技工作者调研活动”提交的调研报告。

题调研，优化研究队伍的结构，扩大研究人员的覆盖面。课题组先后到浙江、安徽、福建、江西、黑龙江、四川等省，通过发放调查问卷、召开座谈会、举办培训会、开展个别访谈等多种形式，走访基层、走近林业科技工作者，收集基层林业科技工作者对技术和生产需求的一线资料。期间，发放调查问卷共计500份，其中收回有效问卷430份，召开座谈会、培训会共计16场次，对地方林业局局长、基层林业推广站站长、乡镇负责技术推广的技术人员和林业乡土专家等关键性人物进行个别访谈，并对实地调研收集来的基层林业科技人员的需求信息进行归纳整理，按照“以需求为导向”的原则提出服务林业科技工作者的对策建议。

一、基层林业科技工作者的需求分析

（一）提高人才队伍综合素质的需求

人才队伍建设是基层林业科技工作者关心的首要问题，也是制约基层林业科技发展的核心问题。综合调研的情况来看，基层林业科技工作者队伍建设的需求主要集中在三个方面。一是加大林业乡土人才培养力度，组建一支乡土型的林业技术讲解队伍。乡土人才是林业科技专家联系林农的纽带，他们可以协助科技人员将林业技术翻译成林农较容易接受的语言，也可将林农的技术需求反映给林业科技专家。同时，由于刚毕业的大学生参加工作，对基层情况也不熟悉，建立一支承担“沟通桥梁”功能的队伍迫在眉睫。二是加大对基层林业科技工作者的培训，提高基层科技服务队伍的综合素质。基层林业科技工作者队伍老龄化现象严重，在调研对象中，年龄在45周岁以上的人员占了69.77%，从事基层林业科技工作的年限在15年以上的人员占了53.49%。调研反映出，基层林业科技工作者的综合素质总体不是很高，林业院校对于人才培养的力度也不够，林业技术人员的培训出现断档，技术断层现象严重，由于事业单位招聘，对于专业不设限制，很多非林专业毕业生进入林业科技管理队伍，他们欠缺专业能力。三是加大对基层林业科技工作者的支持，稳定壮大基层科技服务队伍。由于基层林业科技队伍事业编制的待遇较差，能够考公务员的都跳出去了，队伍不稳定，导致队伍规模在萎缩，尤其是技术人员的规模在缩减。同时，由于职称评定政策不合理，高级职称职数比例限制大，年轻的专业技术人员的职称晋升受到限制，希望能够提高基层农林口正高级职称的比例。对于人才素质的提升，可以开设人才素质提升的资助项目，如青年人才托举工程、林业乡土专家培养工程等。

（二）推进资源整合协同创新的需求

协同创新是科技创新的根本要求，也是基层林业科技工作者们的共同心愿。综合调研的情况来看，基层林业科技工作者对协同创新提出了较强的需求，主要包括：一是扶持、联合申报项目。当前，仅地方科技局有项目，地方农、林业务部门无项目，基层林业科技工作人员申报国家级和省部级的各类项目都存在很大的困难，希望中国林学会能够与林业高校、科研院所的专家联合，设计大项目，培育大成果，推进基层单位与高校、院所的协同创新。二是发挥学会的桥梁纽带作用。据调查统计，调查对象表示非常愿意与中国林学会专家建立联系、合作攻关或者研发项目的人数比例达到72.09%，希望中国林学会利用自身的平台，设立林业高级人才联络会，整合力量，开拓渠道，围绕基层提出的需求，能够组织高校、院所的专家定期与基层林业科技工作者进行交流、对接。三是开展项目申报服务。基层林业科技工作者的主要任务是新技术、新方法、新产品的推广，但目前他们对于行业领域内的科技创新动态掌握不够及时、不够全面，希望中国林学会能够建立全国性的林业领域的项目、成果数据库，如定期将涉林的国家自然科学基金项目研究内容进行收集，整合项目立项资源，供基层林业科技人员查询。四是促进跨领域的协同创新。调查对象表示，林业生产曾经关心品种和栽培技术，而现在关心产前、产中、产后整条产业链牵涉的技术问题，如产后的保鲜、储运、产品加工、销售等环节，希望中国林学会根据林业生产的产业链，拉长创新链，布局资金链。据调查统计，在促进科技工作者自主创新和发展方面，90.69%的受访人员认为中国林学会应重点做好“为林业科技工作者牵线搭桥，促进协同创新”方面的工作。

（三）完善科技成果奖励机制的需求

科技成果奖励是基层林业科技工作者非常关心的话题，是涉及职称晋升等切身利益的需求内容。综合调研情况来看，基层林业科技工作者关于林业科技成果奖励提出了相应的需求，主要包括：一是新增梁希林业技术推广奖。获得梁希科学技术奖、科技兴林奖等林业科技奖，对林业科技人员的职称评定有一定帮助，对于队伍稳定与壮大有很大作用，但是目前梁希奖的奖项设置偏少、类型偏单一，希望中国林学会能够参照农业领域的奖项设置，按照技术创新、技术推广两个类别，在现有梁希林业科学技术奖的基础上，针对技术推广设置奖项类型。二是梁希林业科学技术奖向基层适当倾斜。梁希林业科学技术奖对于基层林业科技工作者的职称、福利等切实利益作用很大，但是申报比较困难，希望梁希林业科学技术奖评审方面，对基层林业科技工作者在二等奖上予以鼓励、三等奖上予以优先，同时增加获奖的参与人数，以及增加获奖的单位证书。三是实施林业科技推广先进个人的评选。梁希科学技术奖在设置上相对侧重于评价学术能力与创新水平，希望梁希奖能够针对林业科技工作者个人设置相应的奖项类型，如面向基层，开展林业科技推广先进个人的评选。

（四）畅通基层信息交流渠道的需求

精准服务是建立以需求为导向的高效服务模式，实现高效化的精准服务，有赖于建立便捷的服务渠道，完善合理的服务机制。综合调研情况来看，基层林业科技工作者关于信息交流渠道提出了相应的需求，主要包括：一是创新服务渠道。调研对象认为基层林业工作者交流的平台渠道不够完善。在服务渠道建设上，较多的调研对象认为渠道可包括手机 APP、微信公众号、QQ 群、学会门户网站、农民信箱、学会与地方共建的服务工作站、林业信息内参、林业决策参考等，其中学会与政府共建的地方服务工作站被认为是最受欢迎与最有效的渠道。二是完善服务机制。基层林业科技服务内容主要包括项目设计、成果培育、平台建设、政策咨询等方面，调研对象希望能够建立常态化、及时性的服务机制，如能够经常性推送专家培训 PPT、专家学术报告、优秀论文、研究成果等信息。三是构建官方的信息发布平台。调研对象认为，定期发布科技成果、技术、新品种等信息，为基层科技工作者提供指南性的材料，让他们及时掌握林业科技动态尤为必要。希望能够建立一个官方的信息发布平台，可以把全国涉林的高校、科研院所组织起来，定期将他们的科研动态信息进行完善，也将林农的需求信息及时汇总，反馈给高校、院所，促进信息的动态管理，促进高校、院所与基层的及时对接。

（五）搭建学术交流展示平台的需求

学术交流与成果展示是基层林业科技工作者与行业专家交流的主要形式之一。基层林业科技工作者对于开展学术交流与合作、成果展示与示范的需求十分强烈，主要包括：一是创造更多的学术交流的机会。基层林业科技工作者参加学术会议时，行业大专家做专题报告，他们只是作为参与者、听众，希望能够给予年轻的林业科技工作者更多的交流机会，改变会议中专题报告的形式，增加学术沙龙、小型报告会等形式，增强学术会议的效果。对于基层林业科技工作者参加学术会议，希望在会务费等方面给予减免。二是创办面向基层的应用型刊物。由于《林业科学》期刊自身办刊的要求，基层林业科技工作者几乎没有机会在该刊物上发表论文，希望能够创办一个面向基层的偏向应用型的林业科技学术刊物，并能够给基层林业科技工作者预留一定的版面。三是搭建科技成果展示平台。基层林业科技工作者与行业专家学者交流新品种、新技术的需求强烈，但基层对于高校、科研院所的研究成果不了解，希望能够搭建科技成果的展示平台，让双方及时交换信息。同时，希望中国林学会与地方政府合作，共同建设有影响力的林业科技示范园区、产业基地等，吸引林业最新科技成果到基层进行试验，让基层园区和基地成为高校、科研院所的最新科研成果的中试或示范基地，扩大区域林业的辐射带动作用。

（六）充实基层组织机构力量的需求

组织机构建设是实施精准服务的基本保障，也是落实精准服务内容的主体力量。基层林业科技工作者关于基层组织机构建设提出的需求，主要包括：一是设置实体化的秘书处。当前，中国林学会作为全国性的社会团体型的专职机构，省级层面建立了省林学会，但是到了市、县(市、区)一级，林学会机构就偏虚化了，希望能够加强组织机构建设，健全国家级、省(自治区、直辖市)级、市(县、区)级的三级林学会机构体系。二是招聘专职化的工作人员。市、县(市、区)的林学会的管理人员以兼职为主，无法满足基层林业科技工作人员的需求，希望在市、县(市、区)的林学会中设置专职工作人员，并对林学会的理事长、秘书长开展定向培训，提高其为基层林业科技工作者服务的能力。三是设立专项化的工作经费。市、县(市、区)的林学会的服务硬件、软件建设相对滞后，没有体现技术管理与服务的功能，主要原因在于经费得不到保障，希望在市、县(市、区)的林学会中落实专项工作经费。

二、精准服务基层林业科技工作者的对策建议

精准服务是新常态下我国对林业系统工作能力、工作作风提出的高要求，也是林业系统适应新常态林业发展、转变工作方式的必然选择。中国林学会精准服务基层林业科技工作者，出发点是“林业发展”“林农增收”，关键点是“服务”，着力点是“精准”，就是面向新常态下的林业科技发展的新要求、新任务，在做好学术交流合作、成果评价、政策咨询、人才举荐等共性服务工作的基础上，围绕基层林业发展提供的信息、政策、科技评估、资源共享等个性化、特色化服务，构建以基层林业科技工作合力需求为导向的服务模式，进一步提升学会组织服务林业现代化建设的能力。

（一）选准对象，服务人才成长出实招

中国林学会精准服务基层林业科技工作者，首要在于选准服务对象。经调研梳理，发现服务对象为“林业乡土人才、林业青年创新人才、林业科技服务人才”这三支队伍。

1. 实施百千万林业乡土人才培养工程

实施林业乡土人才培养工程的重点任务在于培育一大批“土专家”“田秀才”，通过 5 年时间的培养，努力形成“省级百名、市级千名、县级万名”的林业乡土人才总体格局，通过他们带动周围群众，从而有效地促进林业增效、农民增收。一是遴选一批林业乡土人才。从大学生村官、农村致富能手、返乡创业的外出务工青年、新型林业经营主体等群体中遴选一批既懂知识又有能力，既有情怀又有乡情的林业乡土人才。二是加大乡土人才培训力度。通过远程视频培训、集中培训、现场指导等方式进行政策法规、实用技术方面的培训，着力提高林业乡土人才的就业能力、创

新能力、示范能力、对科技成果的吸纳能力和职业角色转换能力。三是建立结对联系帮扶制度。建立科技工作者与乡土人才结对制度，并让科技工作者经常性地深入田间地头进行指导，解决生产中遇到的技术难题，上门宣传科技知识，组织发放农村致富新技术、新品种宣传资料，让乡土人才熟练掌握1～2门实用致富技术。

2. 实施林业青年创新人才托举工程

实施林业青年创新人才托举工程的重点任务在于扶持具有较强创新能力、较大发展潜力的青年优秀科技人才，对于青年科技人才的培养，需要全方位创造一个能够让青年人才潜心学术研究的成长环境。一是开辟项目资助的“绿色通道”。稳定支持建立健全对青年人才的普惠性支持措施，加大教育、科技和其他各类人才工程项目对青年人才培养的支持力度，在各类科技计划研发专项中设置青年专项。二是配备学术能力培养导师。选拔一批优秀的青年林业科技人才到中国科学院等高层次研究平台甚至国外知名院校进修学习，聘请专业领域一流的领军人物担任学术导师，“一对一”帮助青年人才申报项目、培育成果、发表论文等。三是优化青年科技人才的考核机制。基层科研单位需积极营造宽松的成长环境，避免青年科技人才为了应付各类评审、考核，影响自身的学术抱负，积极探索有助于青年科技人才成长成才的约束机制。

3. 提高林业科技服务人才综合素质

乡镇林业站是我国林业管理和服务的最基层机构，也是直接与林农打交道最多的部门。加强林业科技服务队伍建设，充分发挥其在林业科技服务中的作用，是提升科技服务水平的必由之路，只有这样才能使林业科技服务真正落地。一是强化各级林业服务队伍的知识更新。基层林业科技服务队伍的工作年限较久，很多人员的知识更新跟不上时代发展的要求，有必要开展对林业服务队伍的继续教育，及时更新各级林业服务队伍的知识内容。二是推进林业科技经纪人制度。在高校、科研院所内培养建立一支懂技术、懂管理、懂营销、懂理财、懂法律的“五懂”技术经纪人队伍；以校地共建的技术转移中心、创新研究院为载体，从社会上吸引一批地方科技局、基层技术推广站的技术人员兼职担任科技经纪人，积极推进成果有效转化。三是完善林业科技服务人才职称评审制度。林业科技服务队伍的职称评定应着重突出实验技能和实际工作业绩，突破副高级职称的职数限制，提高正高级职称的比例，参照医院和教育系统，将正高级职称的职数比例提高至 3% ~5% 。

（二）瞄准协同，服务资源整合干实事

创新体制机制，加强对各类创新资源的整合，推动彼此间的合作与资源共享，是提升林业科技创新能力的重要内容。协同是实施精准服务的根本路径，中国林学会致力于整合各级各类资源，是服务基层林业科技工作者的重要内容。

1. 促进各类型、各层次学会的协同

当前，林业行业呈现发展模式多样化、经营方式多元化、面临问题复杂化的趋势，需整合各类型、各层次的学会资源，才能充分满足基层林业科技发展的需求。一是充分发挥科协的协调作用。科协是各类学会的组织之家，对促进各类学会资源的共享具有很好的基础。可以通过例会制度、定期协商制度、学会活动日等形式，加强各学会之间的信息交流与沟通。二是加强学会内部的垂直联系。中国林学会与省级林学会之间的联系相对密切，但是省级以下的林学会组织之间的联系相对疏松，应进一步加强学会组织的凝聚力建设，激发学会的服务潜能和工作活力。三是建立林业科技信息服务网络平台。推动相关专业的学会进行联合协作，加强科研院所、高校和大中型企业的合作，彼此借鉴，深化对问题的研究，同时促进资源开放与共享，引导创新技术和信息向基层下沉。

2. 促进高校、科研院所与学会的协同

各级林业科研机构、林业大中专院校等，是我国林业科技创新的主体力量，拥有数量庞大、专业齐备的林业科技人才队伍，不仅要为国家提供一流的林业科技创新成果，同时也要义不容辞地肩负起林业科技服务的义务。一是为基层提供公益性的培训。林业科研机构、林业大中专院校等，要为各级林业科技推广服务机构、基层林业站的人员提供定期的专业培训，不断提高其基础理论水平，促进其知识更新。二是积极实施林业科技特派员制度。要鼓励广大科技人员通过科技下乡、参选林业科技特派员等多种方式，深入基层为林农提供科技服务。三是明确科技人员的基层服务职责。要不断完善科技人员管理考核制度，明确科研人员承担科技推广和科技服务的责任和义务。

3. 促进学会与政府、企业的协同

林业产业的发展具有公益性、基础性的特点，决定着林业发展需要有政府的参与，同时企业是产业发展的主体，促进学会与政府、企业的协同是共同推进林业发展的内在要求，需积极探索“政府出题，企业出钱，学会出力”的协同合作模式。一是学会与地方政府的协同。政府引领产学研协同创新，最为直接的表现是政府利用科技计划和创新园区形成系列引导机制，包含科技计划项目及其市场化项目形成的政产学协同创新，以及通过知识技术共享建立的长期合作关系的各类科技创新园。因此，需鼓励学会与政府共同创办现代林业科技园区、地方服务站等各种形式的协同平台。二是学会与林业企业的协同。围绕林业产业发展需求，凝练方向，设计问题，更加强调市场需求导向，将市场需求与创新活动有效对接，促进学会服务与企业发展之间的有效互动，从而达到创新驱动经济发展的目的。三是学会与中介机构的协同。科技创新中介机构发展迅速，已成为国家科技创新网络体系中的重要节点。中介机构上连政府和市场，下连农户，具有一定的技术优势、信息优势、资金优势、管理优势，能够承担学会的服务职能，也能促进当地经济发展和林业企业化经营。

（三）定准坐标，服务成果评价拼实力

由中共中央办公厅、国务院办公厅印发的《中国科协所属学会有序承接政府转移职能扩大试点工作实施方案》明确提出，学会应以科技评估、工程技术领域职业资格认定、技术标准研制、国家科技奖励推荐四项重点任务开展试点工作，这为中国林学会服务基层林业科技工作者指明了方向，明确了定位。

1. 开展科技成果评价服务

开展科技评估工作是学会承接政府转移职能的重要内容之一，但是科技成果的第三方独立评价还处于摸索阶段，而中国林学会在林业行业领域的科技评价方面具有很好的基础。一是实行科技成果评价准入制度。由国家科技部对科技成果评价机构资格进行审查，对申报机构开展科技成果评价的能力、条件进行一个全面性的审查，积极推进实施科技成果评价机构资格登记制度。二是鼓励学会开展科技评估与成果评价。对于取得科技成果评价资格的学会，鼓励其开展科技项目立项和管理、科技评价、成果推广、科技人才评价等方面的服务工作。三是构建新型科技成果评价机制。致力于构建以市场需求为导向的科技成果评价模式，按行业类型推进科技成果分类评价，构建多元化评价指标体系，通过建立成果评价专家库、细化评价流程、开发成果评价服务平台等途径，提高评价绩效，优化服务流程。

2. 完善梁希科技奖励体系

梁希奖是中国林学会服务基层林业科技工作者的重要载体，已取得了良好的社会效益，但仍不能充分满足基层林业科技工作者的需求。一是优化梁希林业科技奖的设置。按照类型，梁希奖已经设置了林业科学技术奖、科普奖、青年科技奖、优秀学子奖等奖项，还应面向基层增设梁希林业科技推广奖或者基层林业科技服务奖

等类型。二是完善学会的科技评奖机制。在梁希科技奖、科普奖的评奖过程中，兼顾申报对象的差异与成果水平的高低，在三等奖层次面向基层设置更多的指标。三是提高梁希林业科技奖的社会认可度。扩大向国家科技奖励办公室直接推荐申报科技奖励的渠道，让每一届梁希林业科技学术奖的一等奖可以直接申报国家奖，同时，鼓励高校、科研院所在职称评审、奖励级别上对梁希奖给予更高的认可。

3. 推进行业技术标准研制

推动林学学科的发展，进一步推进林学学科和其他学科的交叉、融合与协调发展，以推动学科发展研究，是中国林学会服务林业行业发展的重要内容。一是鼓励学会开展行业技术标准的制定。围绕林业产业发展的新兴业态，组织高校、科研院所的专家，及时制定林业产业新兴业态的生产、种植、栽培、加工等方面的标准，比如《古树名木鉴定规范》标准等。二是鼓励学会开展林业名词术语标准的制定。开发林业类的学术名词术语标准，将其作为基础性的工具书，列为林业本科教育的通识教材或科普读本，以更好地服务林业专业人才的培养，服务林业学科的规范化发展。三是鼓励学会开展林业发展的相关评价指标制定。鼓励学会承接政府的社会管理职能，承担国家相关部委的软科学等咨询课题研究，探索开展管理标准的制定，如开展“绿水青山就是金山银山”理论实践试点县评价指标体系制定等。

（四）找准渠道，服务决策咨询讲实效

突出学会的人才智力优势，凝聚高端智库人才智慧，开展建言献策和决策咨询活动，尤其在队伍建设、选题组织、课题申报等方面增强建言的针对性。提高学会服务决策咨询的效率，增强时效性、针对性，有必要进一步畅通渠道、丰富媒介、创新平台。

1. 加快推进全国林业智库工程建设

中国林业智库于 2015 年 12 月启动建设，在政策理论研究和决策咨询、专业型技术服务、生态文化传播等重点活动中取得了明显成效，为林业全面发展提供了智力支持。下一步，需加强林业智库建设力度，加快推进建设进程，更多更好地发挥献计献策作用。一是分类推进林业智库建设。按政府主导型、高校依托型、科研院所支撑型、企业主体型、中介服务型等五大组织类型构建中国林业智库的组织体系。二是充实林业智库咨询力量。按照决策咨询理论政策研究平台、技术服务创新驱动平台、科技评价公共服务平台、信息数据集成共享平台、生态文化传播教育平台（生态公益子智库）五个工作平台构建组织架构，吸纳高校、科研院所和基层林业工作站的科技人员进入智库。三是构建智库建设的激励运行机制。按决策咨询的阶段，可分为前瞻性研究启发决策需求、调查性研究参与政策制定、论证性研究促进政策执行、跟踪性研究加强政策评估。重视成果提炼，建立完善的奖励制度，构建起有效的运行机制，增强学会专家建言献策的能力。支持学会通过开展智库服务、组织科技会展、开展项目攻关等模式为学会自觉融入以企业为主体、市场为导向、产学研相结合的技术创新体系创造条件。

2. 丰富决策咨询的媒介与载体

现代信息技术的发展、“互联网 +”时代的到来，改变着大众的生活方式，也对林业科技创新与服务产生了重要影响，催生了多种新型的信息媒介与交流载体。一是做好传统型的咨询媒介载体。利用好现有的广播电视、有线广播、报纸、乡村黑板报、各类农业报刊等载体，充分发挥它们在基层林业信息传播中的作用，继续做好《林业专家建议》《林业决策参考》等刊物。二是创办信息型的咨询媒介载体。开发手机 APP、微信公众号等信息媒介，完善各级林学会的门户网站，设立全国性的“林业信箱”，开通“林技 110”，实现“手指上的信息交流”，提高决策咨询与基层服务的便捷性。三是推行现场型的咨询媒介载体。支持学会与地方共建服务工作站，开设培训班、组织专题报告和举行林业科技成果展示，充分利用人际交流网络，发掘和培养意见领袖人物，开展有效的面对面咨询服务。

3. **建设林业科技服务网络信息平台**

当前，信息网络触及生活各领域，对于基层来讲，也基本实现了“村村通网络、人人有手机”，网络已成为大众了解外界、与外界沟通的重要媒介。提高服务基层林业科技工作者的时效性，需要建设全国性的林业科技信息服务网络，将科技人员有效连接起来。一是整合涉林的信息资源。建立全国、地方联动共享的林业科技服务综合网络信息平台，为广大科技人员、林农、林业生产经营单位、涉林企业等个人和单位查询所需的技术和信息提供便利，如搜集与整理项目申报信息，以供基层科技人员查询。二是开通线上的互动通道。建立基于电脑终端、手机客户端等多种形式的互动问答通道，方便基层科技人员进行相关技术咨询，实现实时互动、在线问答，提高服务效率。三是落实平台建设的人员经费。建立由高校、科研院所和乡土人才等专家构成的咨询服务团队，设立专项资金用于网络数据库建设、数据更新和支付咨询专家劳务报酬，为确保网络平台的高效、实用和可持续运行提供保障。

（五）立准品牌，服务交流合作搭实桥

组织学术交流与合作、开展林业科学普及，是中国林学会服务广大林业科技人员的品牌活动，也是连接林业科技人员与基层林业科技工作者的桥梁纽带。根据调研的需求，中国林学会将为基层林业科技工作者提供更多的学术交流与合作机会、林业科技成果示范、公益性的基层服务活动等。

1. **扩大学术交流的社会覆盖面**

建立高质量、高水平、有特色的学术交流平台，形成长期有效的交流方式，促

进学术繁荣发展，提高学术交流的社会影响力与辐射面。一是组织全国性的学术交流。继续做好全国林业学术大会、森林科学论坛等全国性的学术交流盛会，集中展示广大林业科技人员的最新研究成果，创办面向基层的林业科技推广类期刊，为基层林业科技工作者的成果交流提供平台。二是组织专业性的学术交流。依托各专业委员会定期举行专业性的学术交流，比如围绕林下经济、桉树、铁皮石斛、竹子等林业主导产业的发展，动员、发挥各专业委员会的力量，有利于扩大林学会的学术交流影响力。三是推进区域性的学术交流。林业科技创新与成果应用具有显著的区域差异性特征，为进一步强化科技服务的针对性与有效性，依托省级、市(县)级林学会，以区域为单位开展学术交流，可以提高林业科技成果应用的借鉴意义。

2. 加强会地共建的林业科技园

现代林业科技园区是学会与地方政府实施协同合作的重要载体，也是学会实施创新驱动助力工程的重要平台。加强学会与政府共建的林业科技园区建设，探索多种运行模式，充分发挥林业高科技园区的示范带动作用。一是打造区域现代林业综合体。支持涉林高校、科研院所与科技型龙头企业、地方政府合作，改进传统的以校地、院地合作为主要形式的科技服务方式，大胆探索科技成果推广与科技服务新模式，致力于促进林业一、二、三产业的融合，积极推行现代林业发展综合体建设。二是建设现代林业科技示范园区。支持学会与地方政府联合，围绕区域林业的主导产业，按照“政府出地、学会出力”的合作模式，打造林业科技示范园区，比如毛竹林高效经营示范园区、香榧高效栽培技术示范园区等。三是探索现代林业科技园运行模式。结合大众创业、万众创新的要求，打造林业领域的众创空间，探索民办非企业运行模式，为基层林业科技工作者创新创业提供基础条件和各项服务，增强园区自我造血功能，促进园区的可持续发展。

3. 强化面向基层的公益性活动

精准服务，更应该是一种主动服务的行为。林业基层科技工作者往往由于时间、经费的限制，参加全国性的高层次的学术交流活动的机会相对较少，应支持中国林学会开展更多的面向基层的公益性、免费性的服务活动。一是开展公益性的院士基层行活动。组织全国范围的涉林的院士，根据院士的研究领域，结合区域科技创新的需求，定期组织院士专家团队到基层、企业开展科技指导，如“美丽中国院士行”活动。二是开展公益性的基层学术沙龙。通过学术报告会、学术研讨会、技术交流会、工作培训班、工作座谈会等形式，开展小规模的基层学术沙龙，让基层科技工作者与科技专家有面对面交流发言、探讨问题的机会。三是提供公益性的学术交流机会。对于基层林业科技工作者参加全国性的、国际性的学术会议，每年选拔一定的名额，由中国科协或中国林学会以学术交流项目的形式予以资助，为基层林业科技工作者参加高端学术会议提供机会。

（六）谋准功能，服务组织建设强实体

加强组织建设，是支撑精准服务的基础性保障。中国林学会致力于创新和提升学会服务能力，关键在于“创新”和“提升”，结合“互联网＋”创新服务方式，整合会员资源，提升服务能力。

1. 完善学会基层组织架构体系

林业科技服务工作与科技推广工作是紧密结合的。各级林业科技推广站（中心）、乡镇林业站是林业科技服务的主体，高校、科研院所是林业科技服务的重要参与单位。一是打造基层林业科技服务中心。当前的林业科技推广站的工作重点在于技术转化与成果推广，而面向林业科技工作者的服务职能相对弱化。打造基层林业科技服务中心，强化基层组织的服务职能，不仅重视林业科技推广的业务工作，同时加强为林业科技工作者的服务工作。二是打造学会基层组织联合体。正所谓“上面千条线、下面一根针”，随着林业产业链的延伸，县级、乡(镇)级的基层组织，有必要按照农业、工业等大类将有关的学会进行整合，打造学会基层组织联合体，或是在科协内部单设相应的服务部门。三是设立林业高校、科研院所基层服务站。学会精准服务基层林业科技工作者，离不开政府部门的指导，离不开高校、科研院所的支持，离不开企业的参与。鼓励高校、科研院所结合林业产业发展的需求，突出基础优势，开展产学研合作，设立不同类型的基层服务站。

2. 建设“互联网 +”信息服务体系

互联网的快速发展，时刻改变着大众的生活观念与生活方式，也对基层科技服务工作产生了深刻的影响。中国林学会精准服务基层林业科技工作者，需创新服务模式，提高服务效率。一是建设服务系统。需把组织建设和信息化建设有效结合起来，通过信息化的手段提高组织凝聚力，开展会员登记网络系统建设、网站建设、微信官方平台建设，开展分支机构、林业高校与院所的团体会员登记系统建设，形成相对完善的网络信息化服务系统。二是整合会员资源。“提升”就是要整合会员资源，发挥会员“聚时一团火，散时满天星”的优势，可融合、可分解，密切学会与会员、理事、常务理事的联系，加大发展会员的力度，加强对会员的管理，最大程度发挥会员在服务基层林业科技工作者方面的作用。三是开展远程服务。可借鉴医疗系统的远程专家门诊、政府部门的视频会议等做法，中国林学会可依托高校、科研院所设立区域性的林业发展远程服务中心，建立专家与基层科技工作者的联系，实现林业科技专家“在家”也能为基层科技工作者服务。

3. 落实基层组织各项服务保障

精准服务基层林业科技工作者是一项上下互动、内外联合的系统工程，应构建“基层有需求、上层有行动”的互动格局，应构建“途径需畅通、人员需到位、经费需落实”的全方位保障体系。一是落实专职工作人员。强化县（市、区）林学会的人员配备，不管是设立的学会服务站，还是高校、科研院所设立的基层工作站，都有必要设立专职化的联系人员，保证信息传递的上通下达。二是落实专项工作经费。拓宽专项工作经费的争取渠道，主要包括政府部门的财政经费、林业企业的技术咨询与服务经费等。三是落实专门工作硬件。参照阿里巴巴推出的“村淘”模式，加强基层的网络、服务场所等基础设施建设，配置必要的电脑等硬件设备。

作者简介

周晓光，男，1983 年 9 月出生，副研究员，现任浙江农林大学学生工作处处长，兼任中国林学会青年工作委员会第三届委员会副秘书长，长期从事“三农”政策与科技管理研究。撰写的研究报告多次被原农业部、浙江省人民政府等上级主管部门采纳，获得省部级领导批示 2 件。出版专著 3 部，发表各类论文 10 余篇。

李彦，中国林学会学术部工程师。

曾祥谓，中国林学会学术部主任，教授级高工。

湖北省核桃产业现状、问题及对策*

徐永杰　王　滑　史玉虎　邓先珍

前　言

湖北省已有2 000 多年的核桃栽培历史。21 世纪退耕还林工程实施以来，特别是2007 年以后，核桃基地建设规模呈现“井喷”式的发展势头，全省核桃种植规模从1996 年约1 万 hm^2 发展到目前约20. 2 万 hm^2，其中2007 年后的发展规模占总规模的80% 以上。其主要的种植区域包括十堰各县、襄阳的南漳、保康、宜昌各县，恩施的巴东、建始、利川和神农架林区等近20 个县(市、区)，其中种植规模超过10 万亩的县(市、区)有房县、兴山、保康、秭归、郧西等。与此同时，全省核桃产量也在逐年上升，从1990 年的1 540 t，上升到目前的9. 4 万 t，种植规模居全国第9 位，年产量居全国第10 位。作为湖北省继油茶之后的第二大经济林树种，核桃林基地规模约占全省经济林总规模的9. 7%，年产值约38 亿元，约占全省经济林总产值的15%，在湖北省生态文明建设和产业扶贫中扮演着十分重要的角色。

然而，核桃产业经过十余年的发展，出现了病虫害严重、基地低产低效、加工

* 2017 年9 月湖北省核桃产业调研报告。

链条短、品牌培育不足等问题，一些地区林业主管部门的部分工作人员甚至“谈核桃色变”。为深入贯彻省政府办公厅印发的《关于加快木本油料产业发展的意见》，巩固绿满荆楚成果，落实好精准扶贫政策，实施长江流域生态大保护战略，2017 年湖北省林业专家服务团采取边服务边调研的形式，组织华中农业大学、十堰市林科所、襄阳市种苗站等科研院所一线科研人员和主要核桃种植区林业主管部门的分管领导，就核桃产业中存在的问题进行调研。项目组走访了十堰、宜昌、襄阳、恩施、随州、荆门等地区的 18 个核桃县（市、区），实地踏查了 139 个核桃基地，面积合计约 10 余万亩，进行了 16 场座谈，初步掌握了全省核桃产业的基本现状、存在的问题，并对问题的成因进行了分析，在此基础上提出了相应的对策建议，以期为湖北省核桃产业可持续发展中的政策制定提供参考依据。

一、产业呈现的特点和取得的成效

（一）领导高度重视，注重政策引导

为加强对经济林产业建设的宏观指导，搞好部门协调与配合，省政府成立了木本粮油产业领导小组，在《关于加快林业发展的决定》中，明确提出了“实施高效经济林工程”。省林业厅也设立了木本油料领导小组办公室，明确了行业管理职责，做到一届接着一届干，届届都有新贡献。

地方政府也纷纷出台扶持经济林的产业政策，大力发展经济林，很多核桃产业县（市、区）也成立了产业办公室。如保康县核桃产业办公室先后下发了《关于突破性发展核桃产业的意见》《关于深入推进核桃产业化发展的实施意见》等相关文件，坚持每年召开核桃产业专题总结表彰会议，使产业建设不间断，得到了可持续发展。

（二）社会各界广泛参与，基地集约化、规模化程度明显加强

与以前的个体经营相比，该阶段产业发展中，各级政府积极培植民营企业等各类市场主体，采取拍卖、租赁、承包、股份合作制等多种形式，共同投资开发核桃产业，涌现出了如湖北丰年农业开发有限公司等一大批从事核桃种植和加工的民营企业，形成了“基地＋农户”“企业＋基地”“企业＋基地＋农户”“合作社＋基地＋其他”“产学研合作”等基地建设模式。集约化种植基地规模从过去的几亩、几十亩发展到现在的上千亩、上万亩。可以说，企业是该阶段核桃产业发展的主力军。

（三）科技的支撑引领作用得到重视和发挥

1. 良种在生产中广泛应用

在走访调研的 139 个核桃基地中，90% 以上采用了良种嫁接苗建园，其中主要品种有清香、辽核、香玲、中林、秭林 1 号等，长势和结果比较好的核桃园中，清香品种占大多数。

2. 经营技术水平逐步提高

通过几年的技术培训和种植经验总结，一些种植户开始摸索适宜本地的种植模式，开始注重密度调整，通过间伐、移栽、修枝、提干等措施，使核桃园通风透光，以缓解本地高温高湿导致的病虫害；开始注重林下管理，通过施核桃专用肥或生物菌肥、扩穴埋枝、水肥一体化等措施来改良土壤。

3. 本地良种选育和应用初见成效

尽管湖北省核桃良种选育工作起步较晚，但经过科研人员和基层林业管理部门的积极推广，引进的清香（良种委员会审定）和自主选育的房陵 1 号、秭林 1 号等良种在一定范围内得到推广应用，比较优势慢慢凸显。

4. 新的加工工艺、新产品研发得到重视

科技在企业发展中得到了高度重视，企业更加注重知识产权、自主研发，并获得了初步成效。如：湖北霖煜农科技有限公司连续四年致力于研发核桃黑斑病防治药剂，湖北五龙河食品有限公司改进了核桃油加工工艺，湖北智慧果林业科技有限公司获得了具有自主知识产权的核桃青皮、核桃果壳加工工艺等。

（四）技术服务体系不断完善

通过近十年的探索，政府服务体系和社会服务体系得到了探索并初显成效。如保康县核桃产业办公室一方面保持与国家、省级专家的联系和交流，引进专家和技术提供科技支撑；另一方面在各核桃种植乡(镇)配备了2～4名技术人员，作为核桃产业专职技术员，乡(镇)政府与技术人员每年签订服务合同，每年由县核桃产业办公室根据合同内容进行考核，实行末位淘汰。同时，许多企业参与了技术培训，如湖北霖煜农科技有限公司专门成立了秦巴山区核桃职业技术培训中心，定期和不定期开展技术培训，在扶贫攻坚中起到了很好的示范带动作用。

二、湖北省核桃产业面临的突出问题

尽管湖北省的核桃产业通过十余年探索取得了不错的成绩，但效益和产值仍然较低，产业特色尚未形成。目前，全省核桃产业面临的突出问题及原因主要有以下几个方面：

（一）本地资源利用率不高，科技支撑综合能力相对较弱

1. 种质资源开发利用不够

据不完全统计，全省 30 年以上的核桃树约为 120 万株以上。而目前全省集约化栽培的核桃园中，90% 以上的品种引自省外，涉及 20 多个品种，其中仅有清香获得了省级审认定。引进的早实品种多采取矮化密植模式，在湖北省高温高湿的气候条件下病虫害爆发、落花落果、低产低效现象屡见不鲜。相对 120 万株本地资源和 300 多万亩核桃基地而言，全省对本地资源的开发起步较晚，投入力度较小。

2. 人力资源整合力度不够

湖北省科技人力资源充足，但由于缺少人力资源整合平台，核桃产业从业人员中的科研人员比例不足 1%，且研究方向多集中在育种、种植领域，针对产业链条中关键技术的研发力度远远不足。

（二）基地立地条件差，建设质量不高

调研发现，湖北省各核桃园在基地建设前缺乏对品种、立地条件、栽培模式等方面的可行性论证是普遍现象。从走访的 139 个核桃园收集而来的数据看，15.8% 的核桃园土层厚度小于 50 cm，18.4% 的核桃园土层在 50～100 cm 之间。从生物学特性看，这些地区是不适宜核桃等深根性树种发展的。土层瘠薄是当前进入盛果期核桃园“死树”现象的主要原因。

（三）产业经营相对分散，产品单一

1. 企业各自为政，产品竞争力差

尽管在核桃基地建设方面集约化、规模化得到了很大加强，但小规模的农户种植基地也大量存在。这些种植户与外界交流少，技术和资金短缺现象明显。同时，

各核桃产区“各自为政”的现象明显，一些技术培训、技术研发工作存在重复现象，跨地区、跨企业、跨行业的交流较少，管理理念范围狭窄，最终导致产业特色不明显，难以形成具有竞争力的品牌。

2. 产品单一，附加值低

调研发现，全省产出的核桃90%以上以坚果形式销售，加工产品主要是核桃乳和核桃油，由于原料不足和市场开发能力有限，产业附加值不高。

（四）企业融资渠道窄，基础设施差

核桃产业是个长效产业，由于山地等立地条件限制，目前仍是劳动密集型产业，投入较大。有些企业如湖北丰年农业有限公司的1.5万亩核桃基地投入了近1亿元，由于产业时效长，产出较慢，很多公司出现资金链条断裂现象。由于高额的土地流转费或管理费和较长的收益期，使种植户信心不足。

良好的基础设施是现代农业发展的硬件。调研发现，湖北省约30%的核桃基地没有进出的硬化道路，85%以上的核桃基地没有设计作业道，95%以上的核桃基地没有灌溉设施，这样的基础设施实现高产高效几乎是不可能的。

（五）技术服务机制尚需健全

目前，虽然各核桃产区每年都有技术培训和科技服务下乡活动，但暴露出的问题也比较突出，主要表现在：一是培训临时性较强，指标不稳定；二是将培训对象混为一体，包括企业管理人员、技术员、农民，没有分层次进行培训；三是培训内容单调，大部分培训还仍以核桃种植内容为主，很少涉及企业管理等相关内容。

三、建议对策

（一）进一步完善政府服务体系和社会服务体系

首先，要对现有的科技平台和全省木本油料科技人员进行整合与重组，通过新建、改建实验室、工程中心等方式，实现各类科技资源的有效集成和配置。继而实行科研平台开放共享制度，形成科研院所、高等学校、企业等多方共建、共管和共享的局面，最大限度发挥其公共平台作用。其次，要深化人才管理制度改革，培育专业化的基础设施平台建设和管理队伍，通过改革人才评价机制、分配制度、激励机制等提高技术支撑人员的业务素质和社会地位。建议设立核桃产业专项资金，重点支持国家和省部级重点实验室、工程(技术)研究中心、工程实验室，科学数据、科技文献等信息化共享平台，以及成果转化、技术咨询与培训、科普宣传等社会化服务平台等。

为进一步促进湖北省各产业县(市、区)、企业相互交流，降低无序竞争产生的内耗，建议在省林业协会管理下成立核桃产业协会或产业战略联盟。产业协会或产业战略联盟联合全省致力于核桃种植、产品研发、生产、经营、检测、技术、服务和培训等业务的企事业单位和个人，在平等互利、优势互补、资源共享、合作共赢的原则下，积极促进政府组织与产业发展主体之间的联系，争取政策和法律支持、促进产业结构调整、布局产业政策和规划，多渠道帮助核桃生产、加工企业开展科技创新，集中优势力量打造湖北省核桃产业品牌。

（二）加大新品种、新模式、新技术研发投入与推广示范力度

在整合科技平台的基础上，加大新品种、新模式、新技术的研发与推广示范力度。主要包括：一是加大省级财政科技投入，保障产业科技创新与推广。充分发挥

政府资金对企业自主创新的导向作用，加深企业与科研院所的联系，在科技计划项目的培育、管理、实施上，以开发优质、高效、安全的新品种、新技术、新模式为培育重点，实现品种、技术的本地化、特色化。二是推进科技政策落实工作，引导企业加大农业科技投入。抓好企业研发经费税费减免、技术企业所得税减免等优惠政策的落实，推动农业科技创新与推广投入的较快增长。三是建立项目扶持机制，各地统筹安排项目资金，用于支持产业中的新品种、新技术、新模式研发，以充分发挥项目资金的综合功能。

（三）对现有基地进行摸底，并实施分类改造示范

针对前期营建的核桃基地的低产低效情况，建议各地林业主管部门对现有基地的土层厚度、品种纯度、水肥管理情况进行摸底调查，并实施分类改造。对小规模种植户引导整合后进行统一管理；对土层深厚、品种适宜、品种纯正且能保证水肥管理的核桃基地，重点进行政策、项目和科技支撑扶持，打造一批高效示范基地；对土层深厚、品种混杂但能保证水肥管理的核桃基地进行品种改良等改造；对土层极薄、品种混杂、水肥条件差的核桃基地，建议其改种其他浅根系树种。

（四）建立人才培训长效机制，对产业人才队伍分层次培训

人才是产业发展的基础。针对湖北省核桃产业中人才、技术相对短缺的现状，建议依托并统筹新型职业农民培训、精准扶贫、乡村振兴等项目，建立培训专家库，每年有计划地进行技术培训，着力打造一支产业实用人才带头人队伍。

同时，为充分发挥企业家在推动经济发展中的重要作用，加快造就一批优秀农业企业家和高素质企业经营管理人才，建议将对农业企业家的培训作为农业人才培养的重要内容，从企业家的队伍管理、激励机制、人才引进、培训培养的多个方面

进行培训，并从政策、资金等方面给予一定的扶持和鼓励。

（五）拓宽融资渠道，加大林业小额贷款扶持力度

针对产业中单个林农或者小型企业的资金困境现状，作为深化林改的一项配套措施，各级政府主管部门要积极落实中央关于“加大林业信贷投放，完善林业贷款财政贴息政策，大力发展对林业的小额贷款”的政策意见，协调商业银行、保险公司等金融机构对林业企业贷款的管理办法，规范林业中介评估机构对林业资源的评估，积极出台操作性强的林木、林地权证抵押操作意见，完善对林业小额贷款的财政贴息政策，有效盘活核桃林地资源，提升产业活力。同时，政府鼓励各林业企业通过重组、兼并、联营、发行林业债券等方式融资，增强林业企业实力，尽快促进林业企业具备上市融资资格。

四、致　谢

本次调研得到了中国林业科学研究院、河北农业大学、江苏省农业科学院、华中农业大学的众多老师的指导和帮助，更得到了湖北省十堰、恩施、宜昌、襄阳、荆门、随州多地林业部门和企业的70余人的直接支持和帮助，由于人员众多，不能一一列举，在此一并表示衷心感谢！

作者简介

徐永杰，男，1981年10月出生，博士，副研究员，近年来主要开展秦巴山区核桃种质资源评价与利用工作。作为主要参与人参加国家“十一五”“十二五”科技支持项目3项，国家林业公益行业专项3项，主持省级科技攻关项目2项。获湖北省科技进步奖等奖项5项。主持制定了《核桃主要病虫害防治技术规程》等湖北省地方标准4项。参与审定省级良种5个，主持选育核桃植物新品种2个。获国家发明专利2项。在《林业科学》等国内外知名刊物上发表论文40余篇。

王滑，华中农业大学副教授。

史玉虎，湖北省林业科学研究院党委委员、研究员。

邓先珍，湖北省林业科学研究院研究员。

第四篇

决策建议

苗木质量精准提升与用材林培育研究进展与发展建议*

李国雷　李　彦　段爱国　应叶青　杨立学　王佳茜

美丽中国是新时代林业的宏观蓝图，当前林业在国家生态文明发展战略中的地位不断凸显。现阶段我国林业特定的发展阶段赋予了林业新的使命，也对林业理论与技术提出了新要求。林木种苗是建设优美生态环境的物质基础，用材林培育关乎我国战略性木材安全，二者共同关系到我国绿化工程的质量，除林木种苗与用材林培育研究这两大森林培育传统的研究方向外，根系和土壤微生物研究与森林培育措施相结合的研究，能够加深我们对森林培育措施与树木个体生长和林分生产力，以及生态服务功能发挥之间联系的理解，从而为提升我国森林培育研究水平提供理论支撑，并为新技术的进一步研究提供更为广阔的空间。

一、苗木质量精准提升与用材林培育研究的基本现状

近年来，国内林木育苗新技术研发取得积极进展。苗木体细胞胚和扦插等繁育技术取得不菲成就，建立了杉木、杂种鹅掌楸等重要用材树种诱导发生率高、同步性好的体细胞胚胎发生技术体系，实现了高频、同步化体胚发生和植株再生；实现

* 2018 年 11 月中国科协第 367 次青年科学家论坛上的建议报告。

了云杉、祁连圆柏等难生根针叶树种嫩枝规模化扦插育苗技术，为林木良种规模化生产奠定了基础。培育技术方面，网袋和轻基质自动装填生产线的研发实现了容器苗规模化生产，降低了育苗成本，提高了苗木质量，改变了田土容器苗生产模式，整体提升了中国林木育苗技术水平。此外，困难立地苗木繁育技术进展较好，干旱区设施育苗技术、退耕还林高寒山区抗逆性植物材料繁育、西南困难立地抗逆性优良乔灌木树种选择和快繁技术等取得了系列成绩。养分加载技术在苗木施肥领域得到了广泛应用，其在东北主要树种蒙古栎、胡桃楸、黄檗等，华北主要树种油松、落叶松、栓皮栎等，以及华南多个珍贵树种中均有广泛应用研究，并取得了一定的效果。容器苗底部渗灌技术得以自美国引入我国，并在栓皮栎、油松、落叶松等树种上应用研究，为我国节能节水育苗新技术的推广奠定了基础。我国苗木质量评价理论和技术达到了国际先进水平。20 世纪，苗木质量调控技术多集中在形态指标、生理指标上，对苗木培育与造林效果结合的研究相对较少。10 多年来，将培育苗木造林至多个立地持续观测多年，根据苗木成活和生长状况评价苗木培育技术，进而建立起适合特定造林地的苗木定向培育技术，即特定立地目标苗木和定向培育技术。

对于用材林培育，国际上林业发达国家林业资源培育主流技术集中体现在定向培育、集约经营、生态系统管理上，在资源培育进程中，发展性提出恒续林、多功能林、近自然林等培育理论，形成遗传、立地、密度三个层面主导控制技术体系。巴西桉树纸浆材短周期培育、新西兰辐射松建筑材集约经营、美国南方松结构材定向培育均已形成成熟的技术模式。作为世界人工林资源总量排名第一的国家，我国林业资源尤其是用材林资源培育在三大技术基础上，进一步提出植被控制和地力控制两大技术，初步构建了我国特色的人工林育林技术体系。主要用材树种杉木、杨树、马尾松、落叶松、桉树等在国家连续几个科技支撑和“十三五”重点研发计划支持下，资源培育理论与技术研究进入快速发展时期，在立地类型划分、苗木质量控制、密度调控效应、大中径材速丰林培育等方面取得了进展。

根系功能性状与土壤微生物研究作为植物生理生态研究的重要分支，在研究方法与基础性研究方面已经取得了诸多进展，但仍需进一步进行将基础性研究与林业应用相结合的研究。目前，树木根系功能性状包括解剖、形态存活、组织化学、菌根侵染和生理代谢等特征，影响个体至生态系统水平上的水分和养分吸收、构建与维持消耗、寿命和分解过程。人们对根系(尤其是细根)功能性状的认识不断深入，但是基于根系功能性状的森林培育学研究仍然缺乏，这导致我们对森林培育措施、树木个体生长和林分生产力、生态服务功能发挥之间的联系的认识并不充分。土壤微生物方面，主要对不同森林生态系统土壤微生物群落结构的时空分布特征、外界环境干扰(如林木生长发育进程、主要造林树种、气候变暖、二氧化碳浓度升高、林火等)对土壤微生物群落结构和功能的影响进行研究。研究结果表明，不同生态系统、外界环境干扰均会对土壤微生物群落结构产生显著影响，其中林下植被特性、土壤 pH 值、有机碳、全氮等理化特性是影响土壤微生物群落结构的主要因素。

二、苗木质量精准提升与用材林培育研究的问题与建议

在苗木质量精准提升应用层面，森林培育在绿化国土、美丽中国建设领域的主要工作是困难地造林、林分质量提升和林分景观功能优化等。对于现有的盐碱地、干旱地和土壤瘠薄等困难地造林绿化，除了利用容器苗、提高苗木质量外，更重要的是充分利用当地的乡土树种，提高树种的适应性，同时，加强乡土树种的选育和种苗培育技术的研发与优化，形成配套的技术体系。另一方面，现有人工林分树种单一，以针叶树种为主，生态功能欠佳，这些林分的改造提升需要引进更多阔叶树种。除需加强乡土树种的开发利用研究外，还需加强林木种苗容器育苗新技术的研

发与推广，容器苗在困难地造林和延长造林时间等方面有着裸根苗无法比拟的优越性，然而，容器育苗中存在很多的困难与问题，生产实践中甚至出现了容器苗造林生长表现远低于裸根苗的情况，特别是在容器大苗上。因此，需要切实加强林木种苗在容器育苗环节中的容器选择、基质配制、养分管理、换盆时间和出圃时间的确定等研究，提高容器苗质量，发挥容器苗的优势，在城市林业、美丽中国建设中发挥更大的作用。此外，应关注苗木抗逆能力对造林表现的影响。随着苗圃设施条件的不断改善，能更有效的控制苗木生长所需的光、温、水等条件，以保证种苗的形态生长更加快速，苗木出圃时间缩短。然而，野外造林地条件千差万别，极端天气频繁出现，与苗圃优良的生长环境形成极大反差。因此，为了提升苗木的造林表现，提高造林成活率，加强苗木对逆境的适应性研究，提高其对干旱、低温、高温等逆境的抵抗能力具有重要的意义。

对于苗木质量研究理论方面，还需进一步探索研究。对于苗木施肥研究，应建立基于生物量和养分状况的苗木需肥规律研究养分吸收与分配规律，利用养分回流和再利用等内循环途径研究苗木养分利用策略；此外，应深入研究苗木不同发育阶段光照调控与苗木质量耦合关系；并进一步研究利用造林效果评价苗木质量调控措施等。目前，林木种苗研究仍集中于温室培育与大田人工造林，种子与苗木在林分天然更新中的研究少之又少，而目前我国营林要求提倡营造异龄、混交、复层林分，急需人工促进天然更新的相关理论技术研究支撑。因此，研究种子与苗木在林分天然更新中的过程、作用与林分条件、环境条件等的关系，既具有应用需求，也具有理论意义。林木种苗研究不应只局限于盆栽或大田实验，还应进一步走向区域甚至全球尺度。

目前，我国用材林培育研究方面，由于林业资源培育的长周期性，我国主要用材树种仍存在目标性状定向培育控制因子作用机制不清、定向培育理论成果原创性不足的问题，在技术系统性、成熟性与标准化方面与国际先进水平相比仍存在较大差距，尚缺乏完整的生命周期遗传、立地、密度、植被、地力控制技术的关键环节或全过程研制，缺乏交互控制技术研发与系统集成，培育技术问题链、创新链和产业链缺乏有机衔接。

除传统的林木种苗研究与用材林培育研究外，根系功能性状与土壤微生物的研究可为制定合理的森林培育措施提供必要的理论支撑，将其与森林培育措施研究相结合对提高我国森林培育研究水平十分必要。

虽然基于根系功能性状的森林培育学研究较少，但是目前已有的森林培育学研究肯定了考察根系功能性状的重要性。通过研究不同树种的根系形态、生物量、空间分布，可以为适地适树这一准则提供必要的参考；关注细根解剖、构型、菌根侵染等指标，有助于在苗木培育和管理中选择最优的基质、容器和耕作措施；混交林树种配置时，通过考察根系之间的相互作用，能够更加全面地理解树种间的作用机制；细根生物量和形态等特征，被许多研究用来解释林分密度对树木生长影响的调节机制；在抚育间伐影响的研究中，细根形态、生物量和空间分布的改变则被认为是导致树木生长差异的可能机制。

土壤微生物研究方面，虽然对不同区域森林土壤微生物群落结构已有较为清楚的认识，但是对土壤微生物群落在生态系统物质循环中的具体功能尚不清晰。因此，建议今后应着重从以下两个方面展开研究：一是土壤微生物功能菌群在林地土壤养分循环中的具体作用，二是土壤微生物与植物根系之间的互作。此外，针对土壤微生物群落结构对环境变化的响应，许多学者得出的研究结果不一致。这是因为每个学者所进行的研究区域具体的微生态环境不同，而微生物对生态环境的变化非常敏感。因此，在今后的研究中，在研究土壤微生物群落结构与功能时，应考虑研究区域的具体环境。

作者简介

李国雷，北京林业大学林学院森林培育学科教授，博士生导师，林学院副院长，院特聘青年学者；*New Forests*（JCR 二区）副主编，*Silva Fennica*（JCR 三区）编委；中国科协第 367 次青年科学家论坛执行主席；中国林学会青年工作委员会第三届委员会副主任委员；*Journal of Ecology*、*Journal of Applied Ecology*、*European Journal of Forest Research*、*Annals of Forest Science*、*Canadian Journal of Forest Research*、*New Forests*、*Journal of Forest Research*、*Journal of Forestry Research* 和《林业科学》《北京林业大学学报》《南京林业大学学报（自然科学版）》等期刊的审稿专家。

李彦，中国林学会学术部工程师。

段爱国，中国林业科学研究院林业研究所研究员。

应叶青，浙江农林大学教授。

杨立学，东北林业大学教授。

王佳茜，北京林业大学博士研究生。